現場の即戦力

瀬渡直樹●著

よくわかる
レーザ加工

技術評論社

はじめに

　本書はこれからレーザ溶接やレーザ切断などのレーザ加工を検討中の方にとって参考となる情報を収集した実用書です。レーザは波長や位相がそろっている人工の光で、その特性から計測や通信、切断や溶接のような材料の加工や医療など、レーザは様々な分野で応用されています。このように多くの分野へ適用され、これからもいろんな応用が期待されるレーザですが、本書では特にレーザを使って材料を切断したり、溶接したり、熱処理を施すという加工に焦点を当ててまとめました。

　ところで、材料の切断や溶接や熱処理という加工方法自体は、レーザの登場よりもはるか昔から存在しています。しかし、それら従来加工から区別するようにレーザ切断やレーザ溶接が近年注目され、適用が広がっているのには、理由があります。それは、レーザを使うことで、従来法よりもシャープな切断ができるなど「今までできなかった加工が可能になる」点が多いためです。

　では、「レーザ加工をしてみよう」と思い立って、レーザの発振器を買って来ても、すぐに始められるほど技術が完成していて簡単になっているわけではありません

　レーザ加工をするためには、やりたいレーザ加工の加工原理を知っておくことは大切です。ですが、その加工に適した波長や出力のレーザ発振器の知識や加工機の構成、そしてレーザ光による被害の抑制方法等も知っておかないと安全に加工することはできません。

　本書では、レーザ加工を始める際に必要であろうと考えられるレーザの歴史、レーザ発振器の情報、レーザ加工機の構成、レーザ切断に関する情報、レーザ溶接に関する情報、レーザを使った表面改質に関する情報、レーザの安全確保を考える際に参考になる情報などを収集しています。本書は、気楽に読めるように平易な記載を心がけたため、詳細な紹

介を避けた部分もあります。本書をきっかけとしてレーザのより専門的な部分を追求したいと思われた方は、本書よりもさらに詳しく記載されたレーザの専門書が多数出版されているので、これらとの併読で知見を深めてください。

　最後に、レーザ加工は、鋳造のように古くからある加工に比べると、まだまだ「生まれたて」加工です。そのため、多くの人が様々な研究をしており、レーザ加工の技術はまさに日進月歩です。なので、読者の皆様の中にもレーザを使ってみたら新しい発見をする方が現れるかもしれません。また、筆者の誤解を本書の中から発見される方もいるかもしれません。差し仕えなければ、それらを教えていただけると嬉しいです。筆者もまだまだレーザ加工を勉強中の技術者です。そういう情報共有をしながら、読者の皆様と一緒に成長できれば身に余る幸せです。

2012.8
著者記す

・・

はじめに　　　　　　　　　　　　　　　　　　　　　　　　iii

1章　レーザの第一歩　　　　　　　　　　　1

1.1　レーザって何だろう ──────────────── 2
1.2　光についての予備知識 ─────────────── 3
1.3　レーザ光と太陽光の違い ──────────── 7
1.4　レーザだからできることって何だろう ───────── 12
 1.4.1　レーザ加工 ─────────────────── 12
 1.4.2　レーザ測定 ─────────────────── 16
 1.4.3　レーザを使った投影 ────────────── 17
 1.4.4　レーザ医療 ─────────────────── 18
 1.4.5　レーザ工芸 ─────────────────── 19
 1.4.6　レーザ造形 ─────────────────── 20
 1.4.7　レーザポインタ ───────────────── 21
 1.4.8　レーザプリンタ ───────────────── 22
 1.4.9　CD・DVD ──────────────────── 23
 1.4.10　バーコードリーダー ─────────────── 24
 1.4.11　レーザ通信 ────────────────── 25

2章　レーザ光を取り出すには　　　　　　27

2.1　レーザ発振の仕掛け ─────────────── 27
2.2　レーザ発振器から照射されるまでの部分の仕掛け ── 31
 2.2.1　レーザを伝送する部分の仕掛け ───────── 31
 2.2.2　レーザを集光する部分の仕掛け ───────── 33
 2.2.3　レーザを分岐する部分の仕掛け ───────── 36

レーザ加工　目次

2.3　レーザ光を取り出す装置 ───── 37
　2.3.1　昔からよく見かける発振器 ───── 37
　2.3.2　最近見かけるようになった発振器 ───── 42
　2.3.3　その他のレーザ発振器 ───── 45

3章　レーザ加工をするためには　　47

3.1　レーザが材料に当たると何が起きるか？ ───── 47
　3.1.1　熱的な相互作用 ───── 48
　3.1.2　非熱的な相互作用 ───── 51
3.2　レーザ加工機を構成する機器のいろいろ ───── 53
　3.2.1　レーザ発振部のいろいろ ───── 54
　3.2.2　加工部のいろいろ ───── 57
　3.2.3　可動部のいろいろ ───── 61
　3.2.4　制御部やその他周辺のいろいろ ───── 62

4章　レーザ切断をしてみよう　　63

4.1　レーザ切断の特徴 ───── 63
4.2　レーザ切断時の基本的セッティング ───── 64
4.3　まずは穴を開けてみる（ピアッシング） ───── 67
　4.3.1　穴あけの原理 ───── 67
　4.3.2　穴あけ時の注意点 ───── 70
4.4　次に線を切ってみる ───── 74
　4.4.1　切断の原理 ───── 75
　4.4.2　切断条件と切れ方の変化 ───── 77
　4.4.3　切断の欠陥と対処 ───── 79

4.5 そして形状を切ってみよう ──────────── 81
  4.5.1 部品はどこか、切り捨てる所はどこか？ ──── 81
  4.5.2 熱に注意 ───────────────── 82
  4.5.3 多数個取りするときの注意 ───────── 82
4.6 レーザ切断の実例 ─────────────── 84
  4.6.1 板材の切り分け／部品の切り取り ────── 84
  4.6.2 3次元的な切り取り ──────────── 85
  4.6.3 密閉した物体の切断 ──────────── 86
4.7 レーザ切断のデータベース ─────────── 87
4.8 ちょっと進んだ穴あけや切断 ─────────── 90

5章 レーザ溶接をしてみよう　　93

5.1 レーザ溶接の特徴 ─────────────── 93
5.2 レーザ溶接時の基本的セッティング ──────── 97
5.3 まずは材料にレーザを照射してみる ─────── 101
  5.3.1 キーホールって何だろう？ ────────── 101
  5.3.2 レーザ溶接時の注意点 ─────────── 103
5.4 次にビードを置いてみよう ─────────── 104
  5.4.1 レーザ溶接の原理 ──────────── 104
  5.4.2 アーク溶接との違い ─────────── 105
  5.4.3 溶接条件の変化と溶接部の変化 ─────── 107
  5.4.4 溶接欠陥と対策 ───────────── 110
  5.4.5 レーザ溶接の長所と短所 ────────── 115
5.5 そしていろんな継手を溶接してみよう ─────── 117
  5.5.1 溶接の継手形状 ───────────── 117
  5.5.2 レーザ溶接ならではの溶接方法 ─────── 119
5.6 レーザ溶接の実例 ────────────── 121

レーザ加工　目次

　　　5.6.1　薄板のレーザ溶接 ———————————— 121
　　　5.6.2　厚板のレーザ溶接 ———————————— 122
　　　5.6.3　極限環境でのレーザ溶接 ——————————— 123
　　5.7　レーザ溶接のデータベース ——————————— 124

6章　レーザで表面改質をしてみよう　126

　　6.1　レーザ表面改質の特徴 ———————————— 126
　　6.2　レーザ表面改質時の基本的セッティング ————————— 128
　　6.3　材料にレーザを照射してみる ——————————— 130
　　　6.3.1　溶接／切断と決定的に違うことは？ ——————— 130
　　　6.3.2　レーザ表面改質時の注意点 ———————— 131
　　6.4　レーザ焼入れしてみよう ———————————— 132
　　　6.4.1　熱して急冷する ——————————— 132
　　　6.4.2　普通の焼入れとどこが違うのか？ ——————— 134
　　6.5　レーザクラッディングをしてみよう —————————— 136
　　　6.5.1　レーザクラッディング、どうやるの？ ——————— 136
　　　6.5.2　レーザクラッディングのメリットは？ ——————— 137

7章　他にもあるレーザ加工　139

　　7.1　レーザマーキング ————————————— 139
　　7.2　レーザ微細加工 —————————————— 141
　　7.3　レーザ曲げ ——————————————— 143
　　7.4　レーザアブレーション ————————————— 145
　　7.5　レーザを使った医療 ————————————— 146
　　7.6　レーザによる工芸 ————————————— 147

7.7 レーザと他の加工とのハイブリット ─────── 149
　7.7.1 ウォータージェットとレーザ切断の組み合わせ - 149
　7.7.2 アーク溶接とレーザ溶接の組み合わせ ─────── 150
　7.7.3 レーザ2本での加工 ───────────────── 151
7.8 レーザがアシストする加工 ───────────── 153
　7.8.1 レーザ・プラズマ複合溶射 ─────────── 153
　7.8.2 レーザ支援でコーティングの改善 ──────── 154

8章　レーザ加工時の安全確保　　157

8.1 レーザの安全確保に係わるJISなど ──────── 158
8.2 レーザの危険性とクラス分けによる管理 ─────── 161
8.3 レーザから身を守る方法 ──────────────── 163
　8.3.1 レーザ光の光路を覆う ───────────── 163
　8.3.2 レーザ光の出ている場所と出入りする人を
　　　　限定する ──────────────────── 165
　8.3.3 レーザ光を見ない策をうつ ──────────── 166
　8.3.4 レーザ加工の作業環境にも注意する ─────── 168

おわりに ──────────────────────────── 169
索引 ──────────────────────────────── 170

1章 レーザの第一歩

「レーザ」と言えば、皆さんは何を連想するでしょうか。遠くの山までの距離や大きさを測る測定機器でしょうか。さまざまな材料を加工するツールでしょうか。眼科や外科の治療で使われるレーザによる医療でしょうか。光通信のような通信手段としてのレーザでしょうか。はたまたSF映画のような近未来的光線銃でしょうか。光線銃はともかく、これらの用途でレーザは実際に使われており、さまざまな分野に応用されています。

しかし、中には「レーザって俺の生活には縁遠いなぁ」なんて思っている人もいるかもしれません。でも、最近の私たちの生活にはレーザがいろいろな所で使われています。例えば、普段から視聴するDVDやCDのプレーヤ、ピックアップ部分に立派なレーザが使われています。また、お買物に行ったスーパーマーケットのレジにあるバーコードスキャナ、これもレーザが使われています。職場や自宅のパソコンで何かを印刷する際のレーザプリンタ、差し棒の代わりに使われることが増えたレーザポインタなどなど、人によっては「レーザが無いと生活できない」くらいの人がいるかもしれません。

では、これほど身近に普及しているレーザについて私たちはどのくらいのことを知っているでしょうか。案外知らないことが多いことに気がつくかもしれません。この章では「レーザって何だろう？」という基礎知識について簡単にまとめていきます。

1.1　レーザって何だろう

　そもそも「"レーザ"って何でしょうか？」とよく聞かれます。"レーザ"について学術誌や専門書で何か独学で調べようとしても、"レーザ"と書いてあったり"レーザー"と書いていたりするので、その呼称が微妙に違うことに早くから気づきます。

　まず、「"レーザ"と"レーザー"」の違いですが、どちらも LASER を指しており、同じものです。この LASER、実はある英単語の頭文字を並べた略語なのですが、これを日本語に表記する際にレーザまたはレーザーが使われました。そして、長い間の習慣で、機械系や溶接系の学協会では「レーザ」が、物理系や電機系の学協会では「レーザー」が使われるようになりました。こうして2通りの表記が残ってしまったのです[1]。本書ではこれからレーザ溶接や切断を中心に紹介するので、表記は「レーザ」で統一して進めます。

　さて、話を本題に戻しましょう。"レーザ"って何でしょうか。その答えは、ズバリ「光」です。そう、普段から接している太陽や蛍光灯の光と同じ仲間なのです。そのため、図 1-1 のような「光」が持っている屈折や反射のような特徴を持っています。レーザも何もない所では直進します。また、鏡のような反射率の高いものにあたると反射し、その時の入射角と反射角は同じになります。また、空気中から水中への照射のように屈折率の異なる物質に照射すると屈折します。

図 1-1　光の特徴

これらの性質は、我々が普段から接している太陽光などと全く同じで、鏡に自分の姿を写したり、お風呂で湯船の底が浅く見えたりする現象と同じです。少しはレーザが身近に感じられたでしょうか。とはいえ、レーザは全く太陽光と同じというわけではありません。それについては、次節で紹介します。

1.2 光についての予備知識

さて、レーザの話に立ち入る前に、光について少しばかり予備知識の確認と、頻繁に出てくる用語をあらかじめ紹介します。

まずは、光に関するお話です。我々は赤橙黄緑青藍紫のような様々な色の光を見て生活しています。また日焼け止めクリームは紫外線をカットして日焼けを防止しており、テレビのリモコンは赤外線リモコンだったりします。つまり、我々の身の周りにはいろいろな光があります。では、どのくらいの光があるのか、**図1-2**を見てください。図1-2は光の波長という値で整理した図なのですが、波長の長いところは人間の目には見えない赤外線と呼ばれる光です。次第に波長が短くなり、我々が色を認識できる領域があります。ここに該当する光を可視光と呼びます。さらに波長が短くなると、再び人間の目には見えない光の領域になります。この領域の光は紫外光と呼ばれています。

このように、実は我々人間に見える可視光よりも、見えない紫外光や赤外光の範囲は広いことがわかります。そして、この図の中に代表的なレーザをいくつか書いてみました。これらのレーザは、レーザ加工によく使われているレーザです。図の通り、可視光領域のレーザよりも赤外光または紫外光領域のレーザの方がよく使われているので、特殊な装置を使わない限りは加工中の光線が目視で見えることはありません。レーザ加工に用いられるレーザは出力が高く、目に入れば失明などの事故が

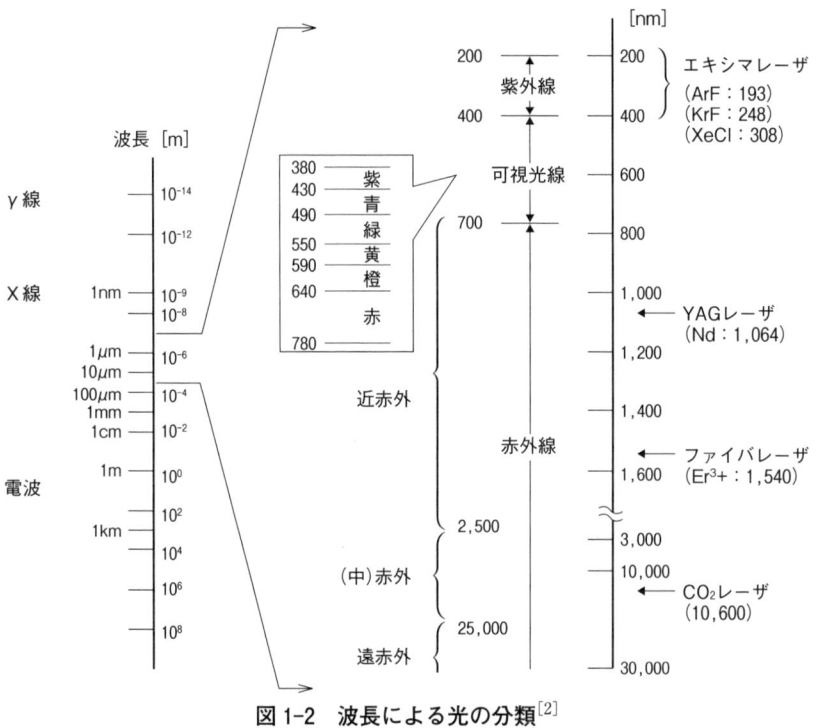

図1-2 波長による光の分類[2]

起こり得ます。そのため、「レーザ加工で使われるレーザは見えない光である」と認識して、レーザ加工をするときは見えない光に対する注意を払っておく必要があります。

さて、図1-2では「波長」という尺度で整理しました。では、波長とは何でしょうか。そのような光の性質を示す用語でよく出てくるものを紹介します。

前節では「レーザは光だ」という点を説明しました。しかし、光には波動としての特徴があります。波長を説明するには、まず光が波動でもあることを紹介してからの方がわかりやすいでしょう。高校の物理の時間に触れた方も多いとは思いますが、光は電磁波の一種であり、**図1-3**に示すような形で、電場と磁場の波が直行した状態で進行することが知

られています。

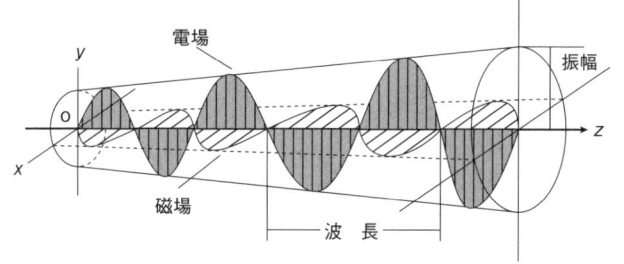

図 1-3　光の伝わり方のイメージ[3]

　この図にも波長の文字がありますが、電場と磁場の波が描かれた複雑な図なので、図 1-4 に簡素化して示します。光は特定の周期で規則正しく振動している波です。

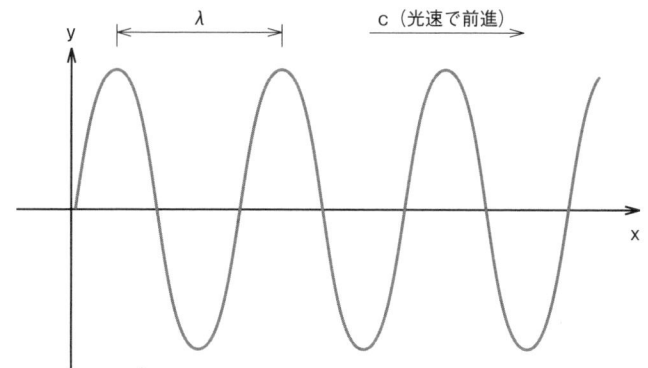

Y 軸が強度で x 軸が距離の周期グラフ。この形を維持しながら光速 c で進む。
図 1-4　波長と振動数

　図 1-4 で示される規則的な波のどの部分でもいいのですが、山の頂上から次の頂上が来るまでの波 1 個分の距離を波長と言い、記号はλで示します。単位はμm や nm など長さを示すものです。図 1-2 のように、波長は光の色や特徴によって値が異なるため、「基本波の YAG レーザ（波長 1.064 μm）」のようによく用いられます。ここで、図 1-2 を思い

1.2　光についての予備知識　　5

出してください。CO_2 レーザは波長が 10.64 μm で、YAG レーザは波長が 10.64 μm でした。CO_2 と YAG で波長がちょうど 10 倍違うのですが、この違いを図 1-4 のような波のグラフで描くとどう違うか紹介します。

波長は繰り返し 1 回分の長さなので、10 倍違うということは、繰り返し 10 回分違うことになります。つまり、図 1-4 のグラフが CO_2 レーザの波のグラフだとすると、YAG レーザの波のグラフは図 1-4 の λ の幅の中に 10 回最大と最小を繰り返す正弦波になります。このように波長の長短で波のグラフの形が変化することを知っておいてください。

次に、周波数という言葉を聞いたことがあると思いますが、これも頻繁に出てくる用語です。周波数（振動数とも言う）は 1 秒間に何周期繰り返すのかを示す数字で、単位は Hz で、記号は f で表記されることが多いです。また、周期という言葉もよく聞く光用語です。周期の単位は秒で、記号は T であらわされることが多いです。図 1-4 で考えてみましょう。

光は図 1-4 の形を保ったまま光速 c（c ≒ 3.0×10^8 m/s）で前進します。したがって、1 波長分（繰返し 1 回分）前進するための時間は、速さと時間と距離の関係から λ/c になります。つまり、この λ/c がこの光の 1 周期となります。さて、周波数というものは、周期の逆数です。したがって、周波数 f は c/λ になります。

また、レーザの話をしていると、「レーザは位相の揃った光である」といった表現をしばしば聞くことと思います。位相とは何かといいますと、図 1-4 でも紹介したとおり、光は波の性質をもっているので、強弱の順番やタイミングがあります。ここで図 1-5 のように 2 つの光が通っているとき、その強弱のタイミングが揃っていたり違っていたりします。タイミングが揃っているものを「位相が揃っている」と言います。位相とは波の状態のことだと考えるとわかりやすいでしょう。

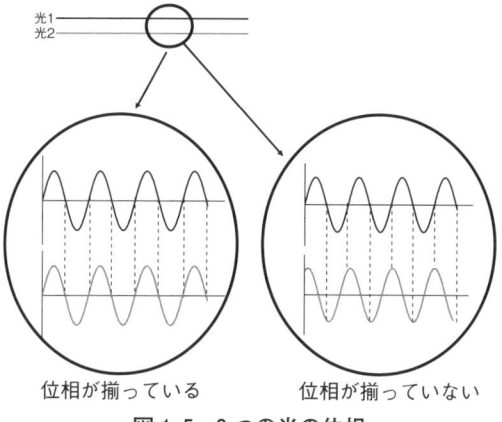

図 1-5　2つの光の位相

1.3　レーザ光と太陽光の違い

　前節では、レーザ（LASER）が「頭文字を並べた略語」と紹介しましたが、何の略かと言うと、「Light Amplification by Stimulated Emission of Radiation（放射の誘導放出による光の増幅）」の略称（造語）です[4]。何かよくわからない日本語が羅列されていますが、この名前の通りレーザは人間が意図的に取り出した人工の光なのです。では、どのあたりが普通の太陽光と違うのか、簡単に紹介します。
　まずは、単色性が挙げられます。図 1-6 のように太陽光をプリズムに通したとき、出てきた光が虹色になった経験はないでしょうか。これは、太陽光の正体が白色光と呼ばれる赤〜紫の可視光と赤外線と紫外線を含んだ状態であるため、プリズムを通る際にその色ごとに屈折する角度が異なってしまい、出口で虹色に分離して出てくるからです。ですが、レーザ光をプリズムに通した場合、1色の光しか入らないので、プリズムから出てきても1色で、虹色に分離しません。

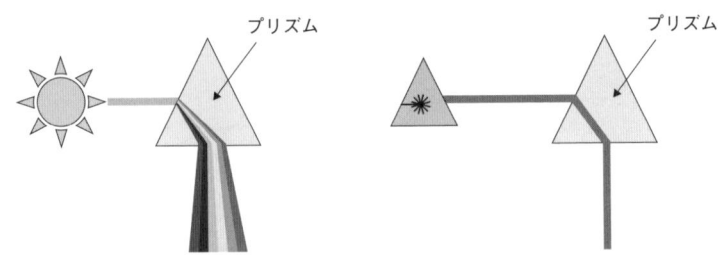

図1-6　レーザ光の単色性を示す実験の例

　そして、単色光であるために集光性に優れています。たとえば、**図1-7**のように凸レンズを光線が通った場合、太陽光ではいろいろな波長の光が混ざっている単色ではない光なので、焦点が1箇所ではなく、非常に高いエネルギー密度を集めることは困難です。ですが、レーザ光の場合は焦点が1箇所になり、集光することによって高いエネルギー密度を確保できます。そのため、太陽光で虫めがねを使って紙を焦がすことはできても、鉄板を溶かすのに必要なエネルギー密度に集光することは困難です。一方、レーザは十分集光できるので、レーザ溶接などに代表されるような、鉄板を溶かすくらい強いエネルギー密度に集光が可能なのです。

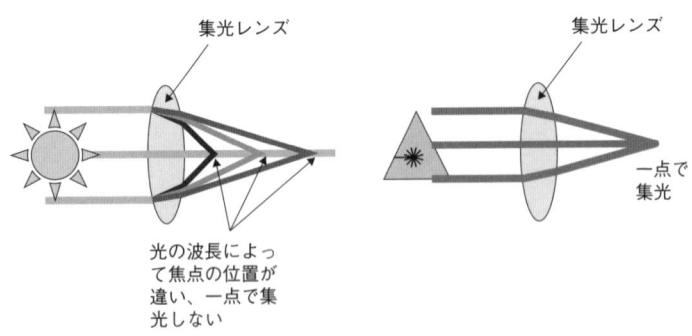

図1-7　集光性の違い

　また、**図1-8**のように、懐中電灯や蛍光灯の光は、遠くを照明するときには光が広がって暗くなります。ですが、レーザの場合はほとんど光

が広がらないので、何mでもレーザの出口とほとんど同じ明るさ／同じ幅で直進することができます。これを指向性と言います。この特性は、レーザ光を使った距離の測定などに応用されています。

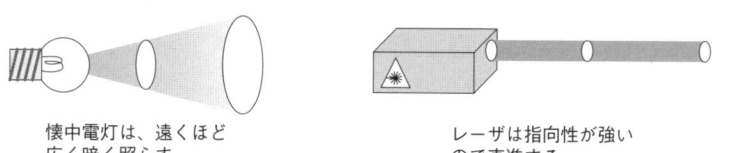

懐中電灯は、遠くほど広く暗く照らす　　　レーザは指向性が強いので直進する

図1-8　レーザ光の指向性に関する図

なお、この指向性、どのくらい直進するのかについて数値で表すことがあります。「広がり角」と言われており、広がり角θは、一般に図1-9の①式で計算されます[5]。たとえば、出口のビーム径が1mmのヘリウム―ネオンレーザ（λ=633nm）の広がり角を図1-9に基づいて計算してみると、θが約6×10^{-4}radになるので、100m進んでも直径1mmのビームはわずか6cm程度にしか広がりません。筆者も遠くを照らせる懐中電灯なるものを持っていますが、100m先では光が広がりすぎていて暗闇です。

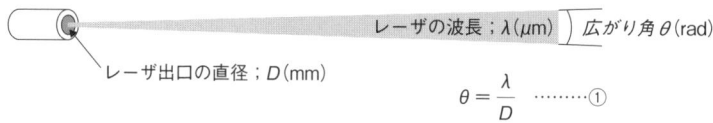

レーザ出口の直径；D(mm)　　　レーザの波長；λ(μm)　広がり角θ(rad)

$$\theta = \frac{\lambda}{D} \quad \cdots\cdots\cdots ①$$

図1-9　広がり角の計算方法

そして、レーザの本や専門書を見たことのある人は、比較的初期に「コヒーレント」という言葉を目にしていると思います。この「コヒーレント」は、レーザ光が持つ重要な特徴の1つです。コヒーレントを日本語に翻訳すると可干渉性なのですが、どういう性質か説明します。

前節でも紹介したとおり、レーザを含む光は波としての特徴も持っています。ならば、図1-10に示すような正弦波の曲線が揃っている2つの光が照射された場合、また、正弦波の曲線が半周期遅れている2つの光が照射された場合にどうなるでしょうか。

1.3　レーザ光と太陽光の違い

答えは、曲線の揃っている場合は光が強調され、半周期遅れている場合は打ち消しあうということです。レーザは位相の揃った光を出すので、このように干渉しやすい特徴があり、それをコヒーレント（可干渉性）と言います。そのため、細いスリットを通してレーザを照射した場合は、**図1-11**のような原理で規則正しい干渉縞が見られます。しかしながら、白色光である太陽光では、いろいろな色の光（いろいろな波長の光）が混合しているので、干渉の様子が明確に出ません。

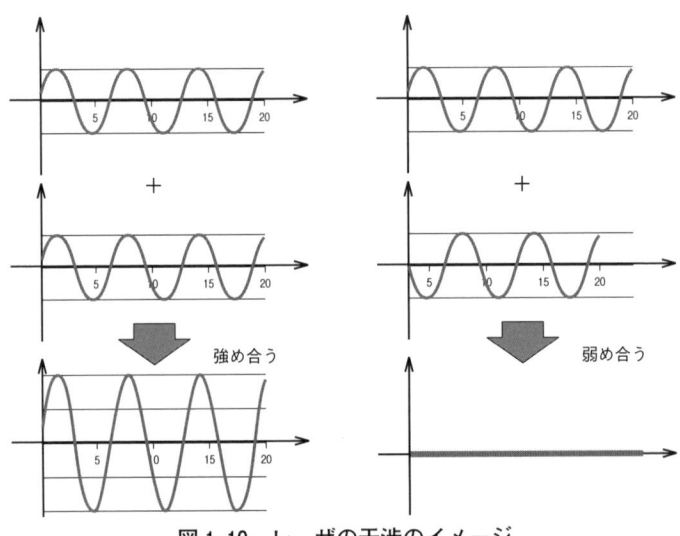

図1-10　レーザの干渉のイメージ

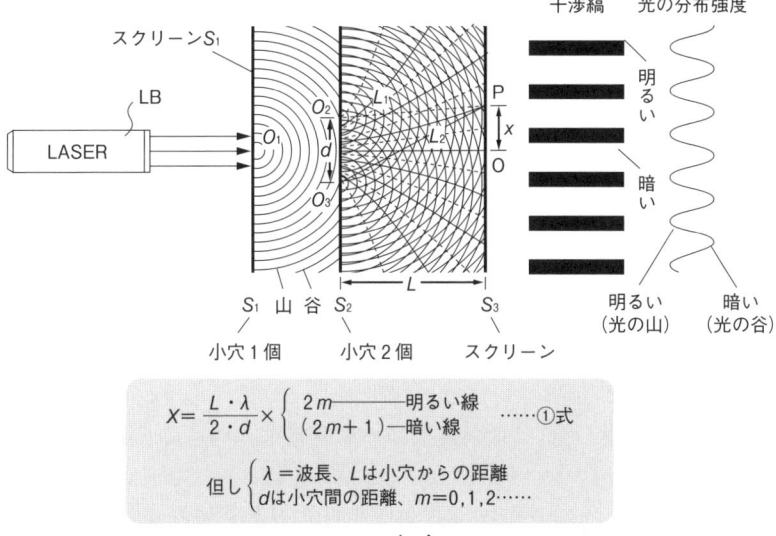

図 1-11　干渉縞のできる原理　白色光では縞は不均一[6]

このようにコヒーレント性を利用して、光の打ち消しや強調を調整できる特徴は、ホログラフィや干渉縞による精密測定に用いられています。これらの特性がレーザと太陽光の決定的に違うところです。

1.4 レーザだからできることって何だろう

前節ではレーザと太陽光の違いについて特徴的な部分を紹介しました。では、そのような特徴を生かして、「レーザ光だからこそできること」をいくつか紹介します。今日の我々の生活では、意外と身近なことまでレーザが浸透しています。

1.4.1 レーザ加工

「レーザ加工」。よく聞く表現です。名前から考えると、「レーザを使って何か細工をする」ということは、想像に難くないのですが、どのようにレーザを当てれば加工ができるかに注目して考えてみましょう。

＜レーザ溶接＞

まずは、1.3節のレーザは集光性が良いという話を思い出してください。レーザは非常に集光できるので、特定の場所に高いパワー密度の照射が可能です。そのため、特定の部分を溶かすことができるようになります。この原理を利用したのがレーザ溶接です。

図1-12にレーザ溶接の原理図と実際の応用例を示します。レーザ溶接は、「集光することによりレーザのエネルギー密度を高めて照射し、材料を溶かして固める」という加工方法です。そのため、特定の箇所だけにエネルギーがかけられるので、熱変形が少なく、溶接部の幅も狭いという特徴があります。

なお、溶けた金属は非常に酸化しやすいので、再び凝固するまで大気と触れ合わないように不活性ガス（ArやHeなど）をシールドガスとして溶接部に吹き付けています。レーザ溶接はレーザを使った加工では代表的な加工方法で、自動車のボディをはじめとしてさまざまな構造物の溶接で見かけることができます。

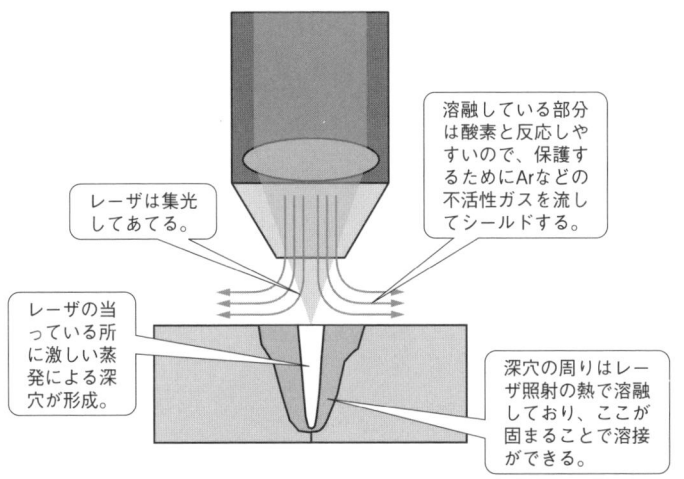

- レーザは集光してあてる。
- 溶融している部分は酸素と反応しやすいので、保護するためにArなどの不活性ガスを流してシールドする。
- レーザの当っている所に激しい蒸発による深穴が形成。
- 深穴の周りはレーザ照射の熱で溶融しており、ここが固まることで溶接ができる。

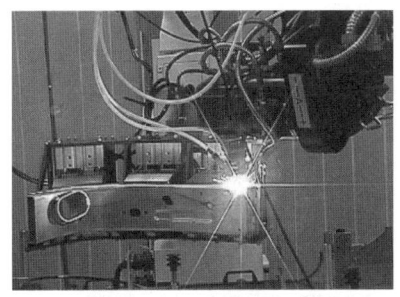

実際のレーザ溶接の例[7]
(アルミニウムの複合レーザ溶接。B-KING (コンセプトモデル) などに応用)

レーザ溶接の部品例
(スズキ B-KING (コンセプトモデル) のメインフレーム)

図 1-12　レーザ溶接の原理と産業への応用例

＜レーザ切断＞

　では、レーザを集光して照射して材料が溶けた時に、その溶けたものを固まる前に取り除いたらどうなるでしょうか。実はそういう加工もあります。レーザ切断です。溶けた材料の除去はレーザと同軸で吹いているアシストガス（O_2 や N_2、空気など）が吹き飛ばしており、十分な量を吹き飛ばすために、非常に細い穴から噴き出しています。そのため、レーザの照射方法はレーザ溶接と似ていても、ガスノズル（レーザの出射口）のデザインはレーザ溶接と大きく異なります。

1.4　レーザだからできることって何だろう

レーザ切断もレーザを使った加工では代表的な加工で、パーツの切り出しに始まり、さまざまな製品の製造過程で見受けられる加工方法です。**図1-13**にレーザ切断の原理と実際のレーザ切断を示します。

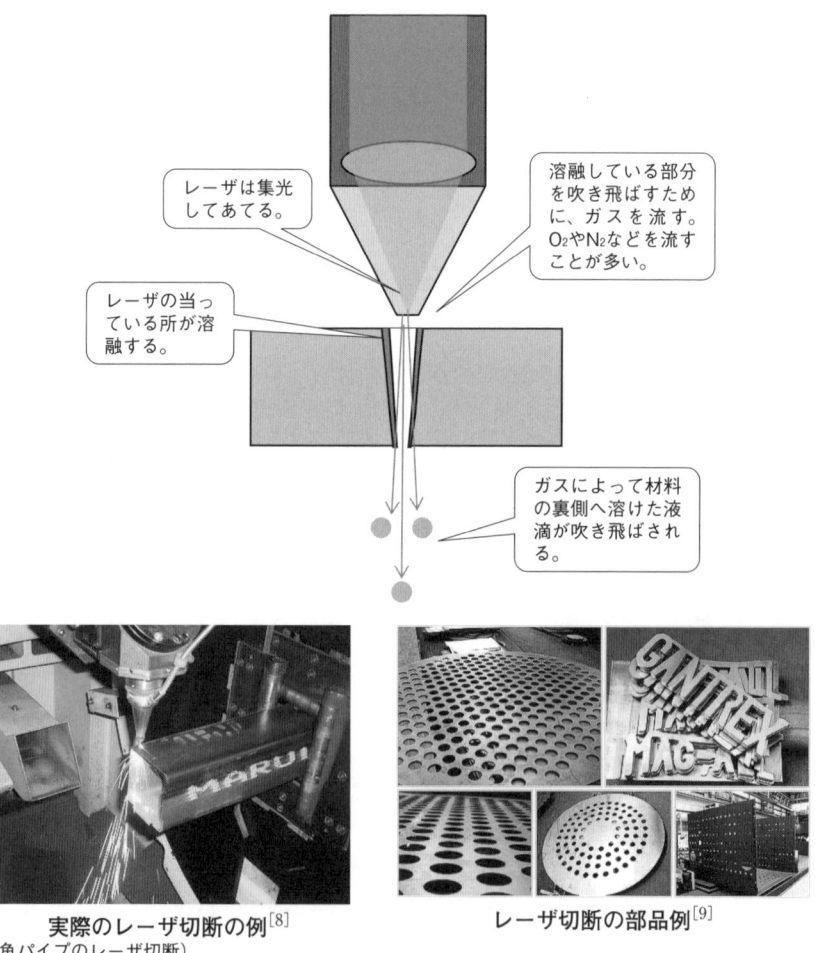

図1-13　レーザ切断の原理と応用例

＜レーザ穴あけ＞

穴を開けたい部分にレーザを照射し、その部分を除去することで穴を

あけることができます。レーザ切断のようにレーザのエネルギーを熱として使い、材料を溶かして吹き飛ばすことで貫通穴をあけることもありますが、さらに集光してより高いパワー密度で照射し、照射した部分を蒸発させることで部分貫通の穴（裏まで貫通していない穴）を加工することもあります。

＜レーザ溝掘り＞

穴あけで紹介した部分貫通の穴の技術の応用で、照射位置が連続するように順次移動させていくと、溝が加工できます。細かい模様などの彫刻や装飾などに使われているようです。また、さらに微細な部分では、電子部品などにも応用されているそうです。

＜レーザ熱処理＞

レーザは、集光の具合を比較的自由に変えられます。そこで、材料が蒸発したり溶融しない程度のエネルギー密度に集光し、材料に照射することもできます。たとえば炭素鋼のような熱によって焼きの入る材料にこのような照射をすると、照射した部分だけを焼入れすることができます。このような処理をレーザ熱処理といいます。レーザ熱処理の利点は、熱処理したいところだけを狙い撃ちにでき、熱処理しなくてもよい部分もふくめてパーツ全体を巨大な炉で長時間かけて焼入れ処理しなくてもよくなるところです。

なお、レーザ熱処理と同じような要領でクラッディングを行うことも可能です。クラッディングで表面の性能を変えたい部分に、クラッド材を敷き詰め、そこをレーザでなぞることで加工します。レーザの照射条件は、クラッド材が溶けて部品に溶着できるくらいを狙って照射します。これらの加工方法は、自動車のエンジンヘッドなどで見かけることができます。

1.4.2 レーザ測定

＜レーザ変位計＞

　レーザは直進してあまり広がらないという特性をうまく使うと、光の速度（約 $3 \times 108 \mathrm{m/s}$）はよく知られているので、速さと時間と距離の関係から測定物との距離を測ることができます。これをうまく使っているのがレーザ変位計です。いろいろと精密な位置決めを求められる機械などで見かけることがあると思います。変位計の一例を図 1-14 に示します。

図 1-14　レーザ変位計の一例[10]

＜干渉測定機[11]＞

　レーザの干渉を使うとより精密な位置決めができるようになります。
　図 1-15 に干渉を使った位置決めの原理を示します。レーザダイオードから発射したレーザは、半透明鏡である M3 で反射して全反射鏡 M1 に向かうレーザと、透過して M2 ミラーに向かうレーザに分かれます。M1 に向かったレーザは M1 で反射し、M3 を透過して、光センサに入ります。M2 に向かったレーザも M2 で反射し、M3 で反射することで光センサに入ります。この 2 経路を通ったレーザは、測定物の距離が L

だけ動くと、M2の位置が位置がLだけ変化し、その結果、M2経由の光の移動距離は2L分変化します。そうなると、M1経由の光とM2経由の光で移動距離の違いからセンサに入る時の位相がズレます。そのため、センサ部分では干渉縞が発生している状態なので、この縞模様がなくなるようにM2を動かせば、M2（測定したい物）の位置を精密に制御できます。

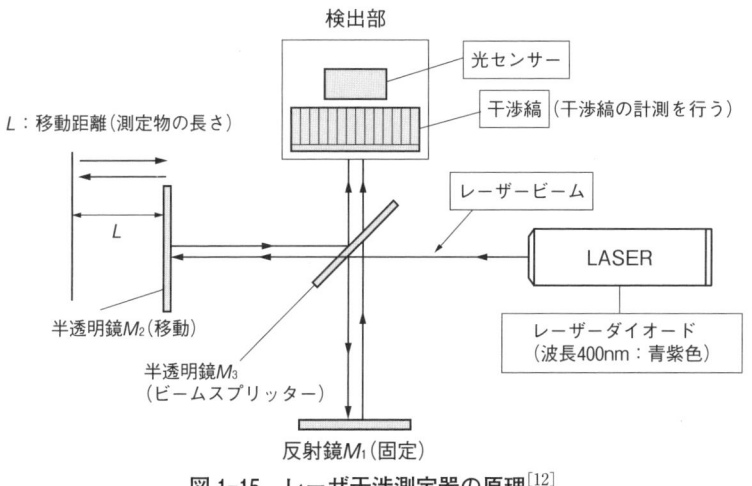

図 1-15　レーザ干渉測定器の原理[12]

1.4.3　レーザを使った投影

我々人間は、物体を認識する際には自然の光が物体から反射してきた光をみて色や形を認識しています。そのため、本来何もないところに光の強弱を作って物体を表示したら、そこに物体がないのに物体があるように錯覚するかもしれません。その辺を体現しているのがホログラフィです。

図 1-16 にその原理を示します。図 1-15 の干渉測定機と同じく、ビームを 2 本に分け、1 本はスクリーンにそのまま投影します（こちらは参照光）。もう1本は被写体に投影し、そこから反射させてスクリーンに

投影します。この2本のビームがスクリーン上で像を結ぶことによって立体的に見えるという原理です。

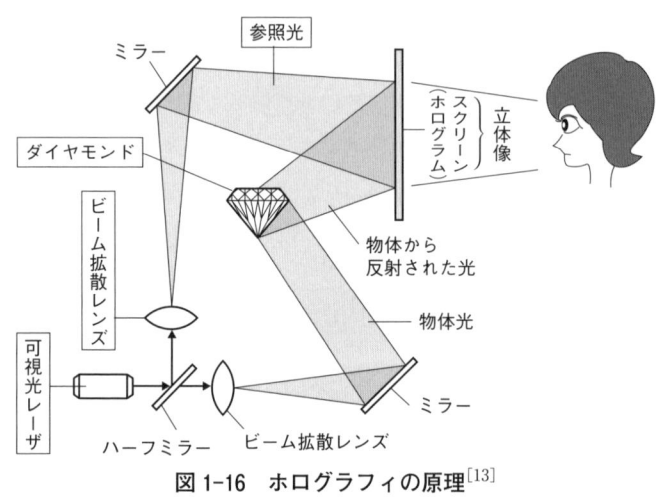

図 1-16　ホログラフィの原理[13]

1.4.4　レーザ医療

＜レーザメス＞

レーザを使った医療器具の代表格がレーザメスです。手術で使うメスと同じく、人体の切開をする道具ですが、レーザを照射することで切開します。レーザを使うメリットは集光して当てることから、広く切開しないでよいこと、そして、照射した部分はレーザの熱で炭化するので、止血効果があることなどが挙げられます。

よく使われるレーザは CO_2 レーザや YAG レーザですが、YAG の場合だと、電線のような光ファイバで伝送できるので、手術時の取り回しがよくなる特徴もあるようです。

＜眼科治療＞

白内障や網膜剥離など目の病気はいろいろとありますが、これらの治

療や手術のためにレーザを使うこともあります。

図1-17に網膜剥離の時の治療方法を示します。網膜上で焦点を結ぶようにレーザを照射し、剥がれた網膜を眼底に癒着させます。なお、レーザが水晶体やその他の部分に影響を及ぼすといけないので、これらに対しては影響を及ぼさない波長が400nm位のビームを治療に使っています。レーザのない時代だと、切開による外科手術が必要で、患者に大きな負担がかかっていましたが、こうすることで眼球を切開しなくても手術が可能になっています。

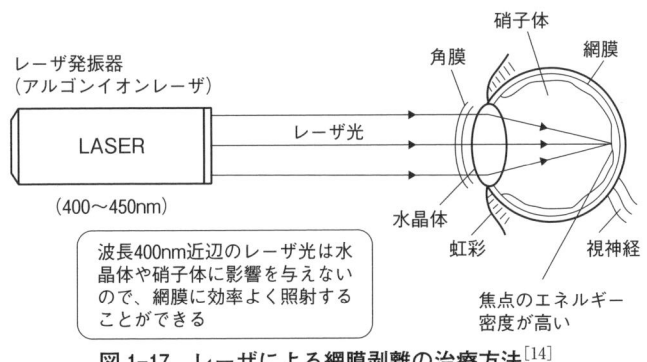

図1-17　レーザによる網膜剥離の治療方法[14]

＜シミやホクロの消去＞

レーザを皮膚に照射することで、シミやホクロ、刺青などを消すことができます。これはレーザの照射によって、そのような部分の細胞を効率的に炭化したり蒸発させたりすることで消しているのですが、消したい物によって使われているレーザの種類が違うことがあります。そのため、適切なレーザで適切に照射しないと、火傷、さらに酷い傷、皮膚がんの原因になるなど、いろんな障害が起こり得ます。必ず専門の知識と技術をもった医師に指導のもとでやる必要があります。

1.4.5　レーザ工芸

近年、レーザは工芸の世界にも応用されるようになっています。レー

ザによる表面の彫刻やマーキングのような模様付けなどは代表的で、外面の加飾によく用いられます。

　また、最近では、図1-18にあるようなガラスの中に立体的な点描をしている置物のお土産などを目にすることがあります。これは、ガラスの中で焦点を結ぶようにしたレーザによって、その部分を白濁・変質させる技術を使ったものです。3Dデータに連動して、焦点の位置を変えながら立体を透明なガラスの中に描く工芸品です。このように屈折率や透過率をうまく利用して、外部を傷つけることなく内部だけを加工できるのはレーザの特徴を生かしている方法だと言えるでしょう。

図1-18　ガラスへの加工の一例

1.4.6　レーザ造形

　レーザは狙ったところに狙った量のエネルギーを届けることができます。そのため、ラピッドプロトタイピングに用いられていることもあります。ラピッドプロトタイピングは、名前の通り「素早く試作を作る」方法で、レーザを使ったラピッドプロトタイピングでは、光硬化樹脂に樹脂が硬化する波長のレーザを照射し、照射した部分を硬化させて形を作っていきます。一般に試作する形状はCADなどで作成され、それらが作る3Dデータをもとに加工されることが多く、製造現場では試作の工程で見られる加工方法です。このように、造形にもレーザは用いられ

ています。

　また、研究的には、図1-19に示すようにバーチャル・リアリティ技術と組み合わせて、仮想空間で成形したものを3Dデータとして、レーザを使ったラピッドプロトタイピングでアウトプットすることもトライされています[15]。

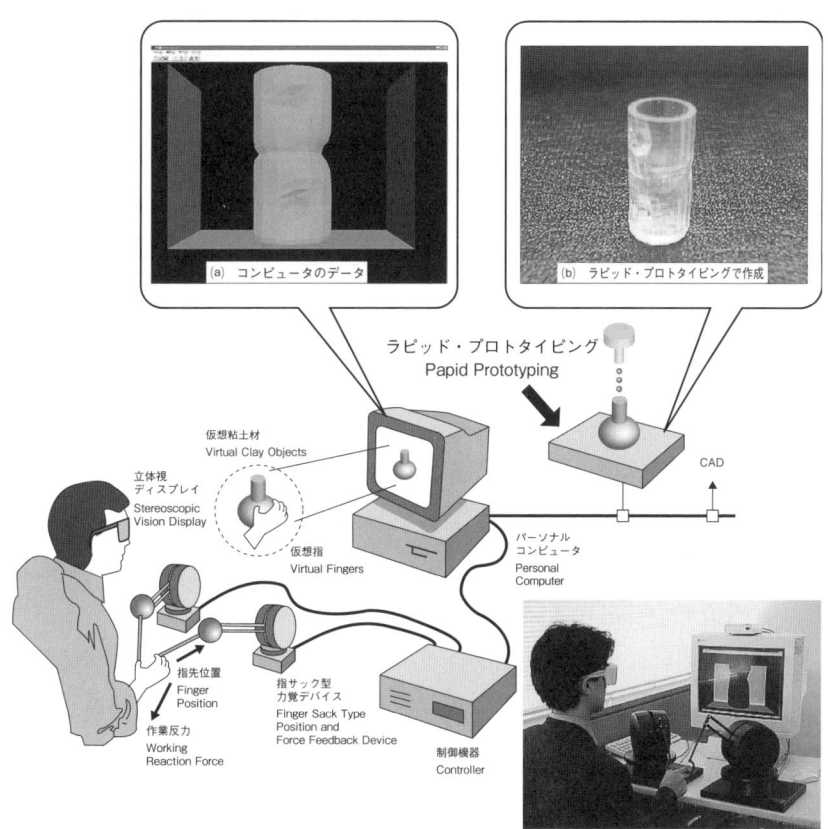

図1-19　ラピッドプロトタイピングの一例

1.4.7　レーザポインタ

　昔は講演会や学会などで、講演者は指し棒をもって大きく投影されたスライドの説明をしたものですが、最近では指し棒に代わって、レーザ

ポインタが用いられることがあります。これは、レーザがまっすぐ拡散せずに飛ぶ性質をうまく使ったアイテムです。赤い光を出すレーザポインタが多いですが、中には緑など、赤以外が出るポインタもあります。

　また、通常はレーザポインタの指し示す場所は点ですが、ちょっとした細工をすることで、円形や棒系に表示することができる多機能なタイプもあります。図1-20にレーザポインタの一例を示します。

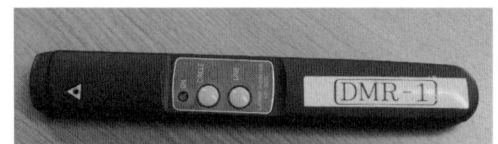

図1-20　レーザポインタの一例

1.4.8　レーザプリンタ

　最近はパソコンの普及で、自宅や職場にも当たり前のようにパソコンがあり、パソコンで作ったデータのアウトプットデバイスとしてプリンタもあると思います。そして、プリンタの中にはレーザプリンタと呼ばれるものもありますが、どの辺がレーザなのでしょうか。

　それは、印字する部分にあります。プリンタの内部には感光ドラム呼ばれる円筒形の部品が入っています。このドラムにレーザを照射してドラムの円筒面に印刷する画面を作って印刷する仕掛けです。可動部分が少なく、ドラムへの転写速度が速いので、レーザプリンタは静粛で高速な印刷を実現しています。図1-21にレーザプリンタの一例を示します。

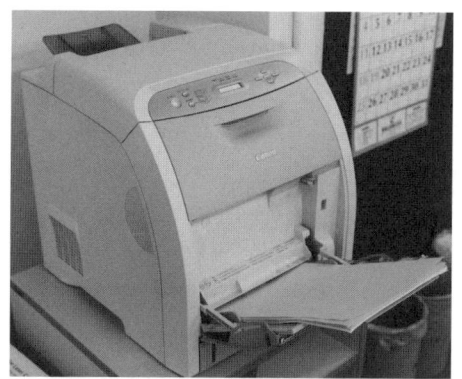

図1-21　レーザプリンタの一例

1.4.9　CD・DVD

　CDやDVDは我々が音楽を聴いたり、映画を見たり、パソコンでデータを読んだりするときに欠かせないアイテムです。ここにもレーザが使われています。レーザをディスクに照射し、ディスク内にある凹凸から反射してくる光をピックアップして、その信号を音や映像に変換しています。

　レーザを使って非接触で信号を読むため、レコードとレコード針のように円盤が擦り減ったり、針の交換を頻繁に行う必要がなく、データの劣化は起きにくいようです。図1-22にデータを読み取るピックアップの一例を示しますが、お手持ちのCD/DVDプレーヤやCDを使うゲーム機なんかでも似たものを簡単に見つけることができます。

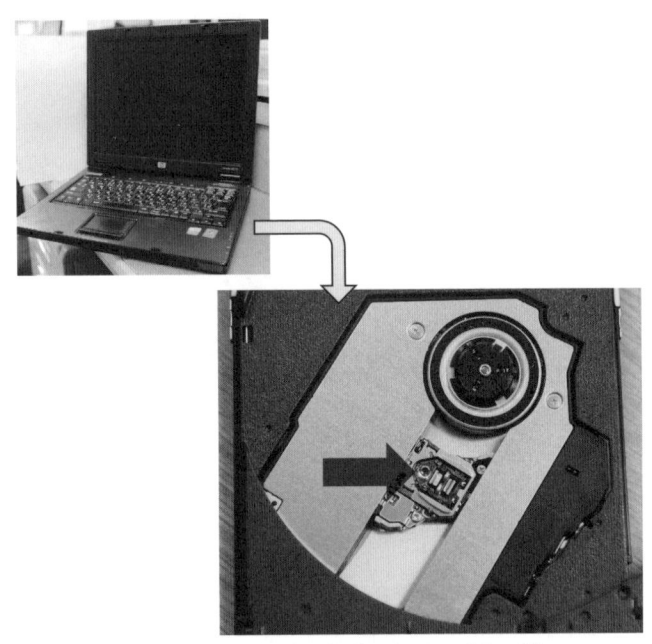

図1-22　CD-ROMのピックアップの一例

1.4.10　バーコードリーダー

　我々が普段の生活をする際には、食品や消耗品など、あらゆるものを毎日のように買い物します。店に入り、商品を選んで、店から出るときに、お勘定をすませるレジで商品のバーコードを読み取る光景をよく見かけます。最近では店員さんではなく、お客さん自身がレジ打ちできるセルフ型もあるようですが、この機械もレーザ製品です。

　仕掛けは、レーザを特殊なミラーで幅広くスキャンさせて、ここにバーコードを置く（もしくは読込ヘッドをバーコードに付ける）と、バーコード上で反射した光をセンサーで読み取っています。図1-23に一例を示します。

こんなところにバーコードをかざして読ませたりできる。

手持ちのスキャナーがあったりもする。

図1-23　バーコードリーダーの例

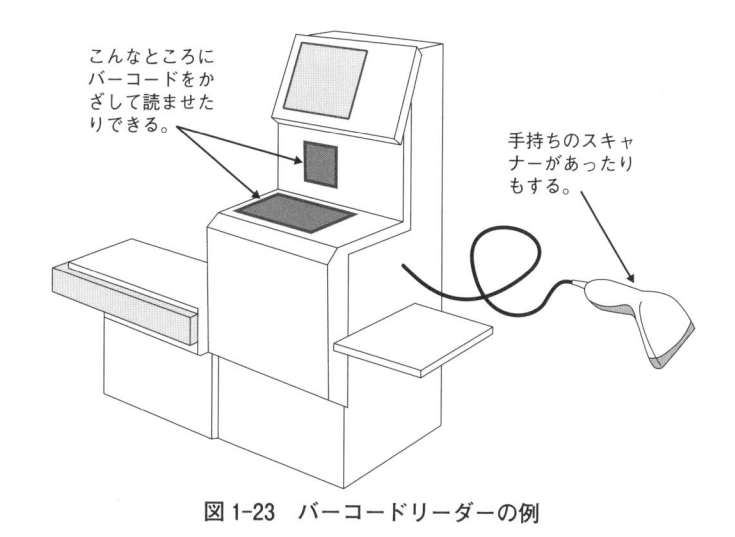

1.4.11　レーザ通信

　ほかにも身近なレーザはあります。レーザを使った通信です。皆さんの家のステレオの配線でアンプとプレーヤを光ファイバで繋いでいたりはしないでしょうか。これは、そのプレーヤとアンプが光で通信している身近な例です。プレーヤ側の音信号をレーザのON/OFFに置き換えて光ファイバを使ってアンプに送信しているのです。アンプ側には伝わってくる光のON/OFFを音の信号に切り替える装置があり、そこで翻訳して増幅し、スピーカを鳴らします。電線だと長さによって抵抗が変化するので、長い配線ができないのですが、光ファイバの中は光の強さがあまり減衰しないので、長い引き回しをしても電線よりもクリアな音が実現できます。

　この特徴をもっと大きなスケールで実施しているものがあります。インターネットで「光回線」とか「フレッツ光」のような、「光」のつくプランを見たことはないでしょうか。これらは、先程例に挙げたステレオの光通信の拡大版です。電話局と個人宅の間に光ファイバを敷設し、個人宅と電話局の間をレーザのON/OFFに変換して通信します。光フ

1.4　レーザだからできることって何だろう　　25

ァイバは電線よりも情報の損失があまりないので、電話局と個人宅の距離がインターネットの速度に影響しにくく、またたくさんの情報が往来できるので高速なインターネット環境を容易に実現します[16]。

■参考文献

[1] 絵とき　レーザ加工基礎のきそ；新井武二著；日刊工業新聞社；2007.6；p.8-9
[2] 絵とき　レーザ加工基礎のきそ；新井武二著；日刊工業新聞社；2007.6；p.10　図1-3
[3] 絵とき　レーザ加工基礎のきそ；新井武二著；日刊工業新聞社；2007.6；p.9　図1-2
[4] らくらく図解　光とレーザー；陳軍・山本将史共著；オーム社；2006.12；p.110
[5] レーザー技術入門講座；谷腰欣司著；電波新聞社；2007.7；p.68-69
[6] レーザー技術入門講座；谷腰欣司著；電波新聞社；2007.7；p.72　図2-26
[7] スズキ自動車；http://www.suzuki.co.jp/release/d/d011019.htm
[8] 赤田工業株式会社；http://www.akada.jp/lazer-cut.html
[9] 株式会社松田商工；http://www.matusho.co.jp/technology/cutting/04.html
[10] パナソニック；http://www3.panasonic.biz/ac/j/special/hl-g1/appli/index.jsp
[11] レーザー技術入門講座；谷腰欣司著；電波新聞社；2007.7；p.150-151
[12] レーザー技術入門講座；谷腰欣司著；電波新聞社；2007.7；p.151　図4-24
[13] レーザー技術入門講座；谷腰欣司著；電波新聞社；2007.7；p.143　図4-19
[14] レーザー技術入門講座；谷腰欣司著；電波新聞社；2007.7；p.163　図4-32
[15] 廣瀬伸吾、森和男、李敏業、加納裕、"バーチャルリアリティーを利用した3次元意匠作成システム―基本システムの概念と試作―"、機械技術研究所所報、54巻、4号（1998）、P.201-208
[16] フレッツ光の通信方法；http://www.fletshikari-light.com/about-hikari-fiber.php

2章 レーザ光を取り出すには

第1章では、レーザが何で、どんなところに使われているかなどの導入的なお話をしました。第2章では、「レーザがどのように取り出されているのか？」また、「どんなレーザがよくつかわれているのか？」について簡単に紹介します。

2.1 レーザ発振の仕掛け

高校の物理の授業で、「原子の構造は図 2-1 のような構造になっており、外部からエネルギーを受けると更にエネルギー状態の高い励起状態になります。この励起状態が普通の定常状態に戻るときに $E=h\nu$ （E は放出エネルギー、h はプランク定数、ν は光の振動数）の光が放出されます」という話を聞いた記憶はないでしょうか。

このような放出を自然放出といいます。では、レーザを取り出すには、どうすればいいでしょうか。前章でも紹介した通り、レーザとは、「Light Amplification by Stimulated Emission of Radiation（放射の誘導放出による光の増幅）」の略です。「名は体を表す」の諺のとおり、レーザとは光が「誘導放出」されているのです。誘導放出とはどんなもの

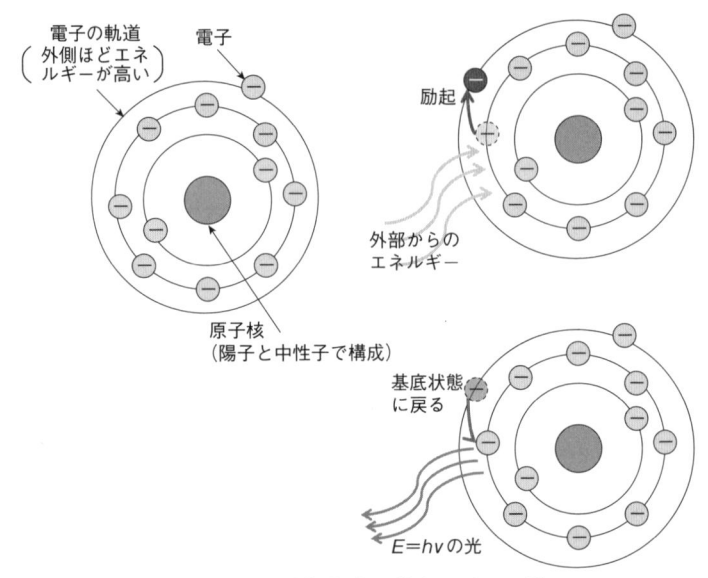

図 2-1　原子の励起と光の放出のイメージ

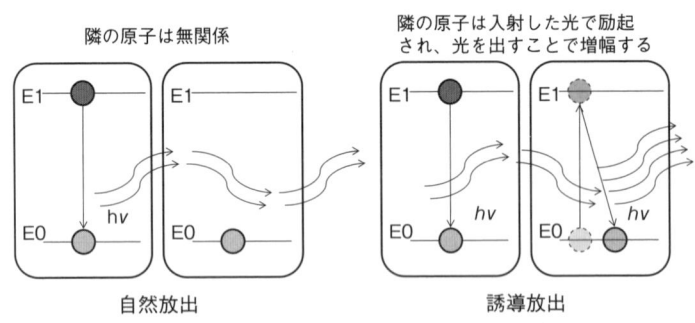

図 2-2　誘導放出と自然放出のイメージ

イメージを**図 2-2** に示します。

　自然放出とは、何らかの理由で励起された原子から基底状態にもどるときに $E=h\nu$ の光を出しますが、近隣の原子がその光によって連鎖的に励起したり光を発したりしない状態です。これが自然界の普通の姿です。ですが、人為的に特殊な環境を作ると、$E=h\nu$ の光を受けて近隣の原子が励起したり、さらに光を出したりする状態が作られます。このよ

うに光の放出が連鎖的に起きる状態を誘導放出といいます。レーザの発振は、この誘導放出をうまく使っています。

しかしながら、誘導放出だけでは十分な強さのレーザ光にはならず、増幅する必要があります。増幅するには、図2-3のように誘導放出された光をミラーで折り返して、よりたくさんの原子から光が出るように増幅します。

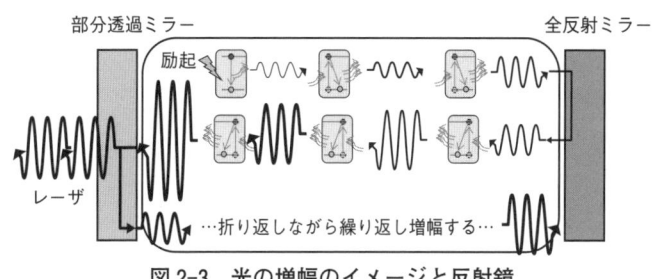

図2-3 光の増幅のイメージと反射鏡

誘導放出をしている両側に鏡を置き、その間で放出光を往復させながら、別の原子が、より多く誘導放出するように仕向けています。ミラーの片側は100%反射するミラー、反対側は何%かの光は透過するミラーです。透過して出てきた光が空間的・時間的に位相の揃ったレーザになります。

さて、何となく光を増幅してある程度の強度の光を取り出すのがレーザの原理というあたりまではおわかりいただけたかと思いますが、このお話は間断なく誘導放出してくれる原子がいることが前提になります。つまり、$E=h\nu$の光を受けても励起しない原子がどこかにいたら、この増幅のリレーは続かないことになります。実は、このような光の損失はレーザ発振器の中で常時起きています。それでも市販されているレーザ発振器からはレーザ光が何の問題もなく発射されます。では、どうして途切れることなく連続でレーザ光を取り出せるのでしょうか。

レーザの発振に関する専門書を繰ると、必ずと言っていいほど、「反転分布」の話が出てきます。しつこいようですが、自然な状態とは励起されていない原子が大多数で励起されている原子が少数の分布をしてい

ます。反転分布とはこれが逆転した状態のことです。つまり、図2-4に示すように、励起された原子が多数で励起されていない原子が少数の分布です。このような分布は自然界にありえない分布なので、この状態を人為的に作り出すには、それなりに強力な励起源となるエネルギー（例えば、光、放電、電子ビームなど）が必要です。

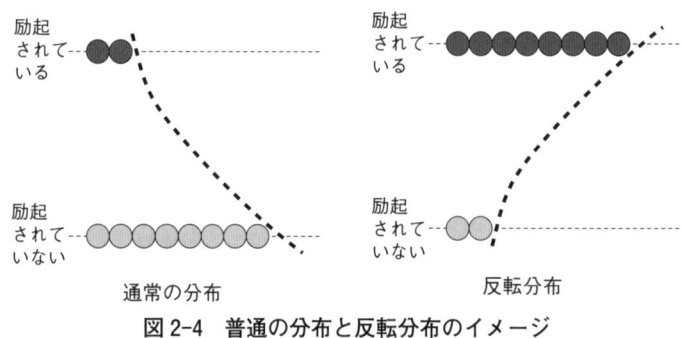

図 2-4　普通の分布と反転分布のイメージ

　反転分布になると何が良いか？　という点ですが、励起された原子が多いので、$E=h\nu$の光を出す原子が多くなり、誘導放出や光の増幅をする確率が格段に増えます。そのため、光の発生量が増加し、増幅のリレーが止まって発振器内で損失する光の量を凌駕するようになります。このように吸収量を発生量が上回った時にレーザ光が安定して取り出せるようになります。
　また、光の増幅の割合は反転分布の度合に比例するので、反転分布が激しいほどより強力なレーザが安定して取り出せることになります。

2.2 レーザ発振器から照射されるまでの部分の仕掛け

さて、前節の紹介で、レーザ発振器でレーザ光がどのように誘導放出されて増幅して放出されるかについて、何となくイメージがついたかと思います。では、発振器から放出された光は放出されたままで終わりなのでしょうか。たいていの場合、その答えはNoです。レーザを使って加工を行ったり、何かを測定したりする場合には、その目的に応じたビーム径やパワー密度に変化させる必要がありますし、発振器と照射する場所が離れている場合にはレーザ光を遠方まで伝送しないといけません。その辺について、この説では簡単に紹介します。

2.2.1 レーザを伝送する部分の仕掛け

まずは、発振器からレーザを照射する場所へ光を伝送する方法について紹介します。最もオーソドックスな仕掛けは「鏡で反射させる」方式です。前章でも述べたとおり、レーザは光ですから、鏡で反射します。したがって、「光の反射角は入射角と同じ」という鉄則もレーザに当てはまります。なので、図2-5のようにレーザを折り曲げたい所に鏡を置いてレーザを目的の所へ誘導します。レーザ光は空気中でも直進するので、入射角と反射角がわかれば、どこにレーザが照射されるかの予測は簡単です。

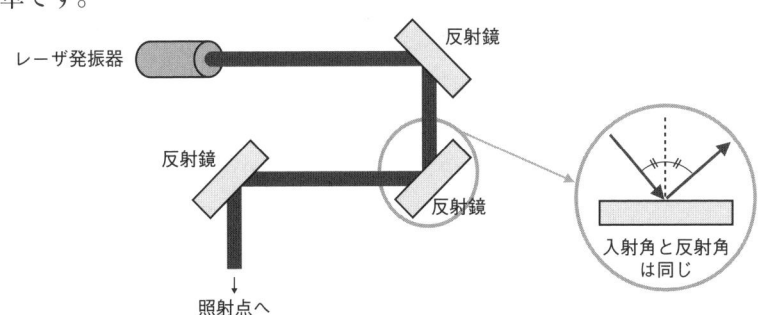

図2-5 ミラーによるレーザの伝送のイメージ

この方式の難点は、制御が難しいことです。たとえば、**図 2-6** に示すように、図 2-5 と同じ枚数の反射鏡を備えた 3 関節のレーザ加工ロボットがあるとしましょう。ロボットですから関節の部分が可動します。動くことによってレーザの通る光路が変化します。加工点にレーザを出すためには、3 枚の反射ミラーを同時に素早く高精度に調整して、新しい光路を作らなくてはいけません。ミラーの枚数が増えるほど、また、動作が速い機械ほど、この制御は困難になります。

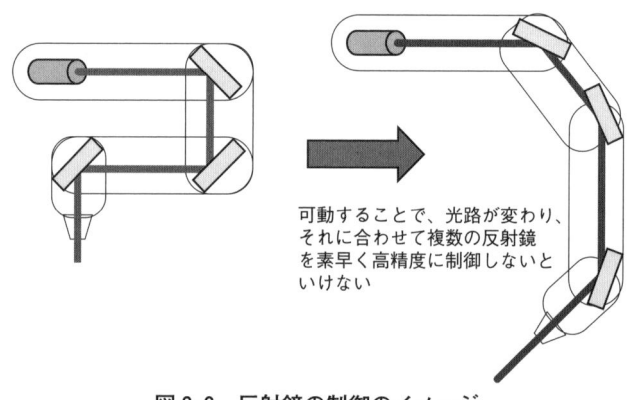

可動することで、光路が変わり、それに合わせて複数の反射鏡を素早く高精度に制御しないといけない

図 2-6　反射鏡の制御のイメージ

　ただ、ここで注意するのは、レーザの反射ミラーは我々がお化粧に使うような普通の鏡とはちょっと違うことです。鏡は反射して像を写すのが仕事ですが、100％の光を反射しているのではなく、当たった光の若干は鏡自身が吸収するなどして損失しています。レーザ光は高いパワー密度を持つ光線ですから、普通の鏡を使った場合、鏡が吸収したレーザのエネルギー（熱）で損傷したり、装置が発熱したり様々な障害が起きます。そのため、レーザの反射ミラーには照射されるレーザの波長の光はおよそ100％反射できるようなコーティングがしてあったり、熱対策がされている特殊なミラーが使われています。

　反射鏡を使わない伝送方法もあります。レーザの中には波長が短いので光ファイバーの中を通過できるレーザもあります。このようなレーザの伝送には先述のミラーを使うタイプもありますが、光ファイバーを使

う伝送が適応されることがあります。図 2-7 にそのイメージを示します。

レーザ発振器

光ファイバ

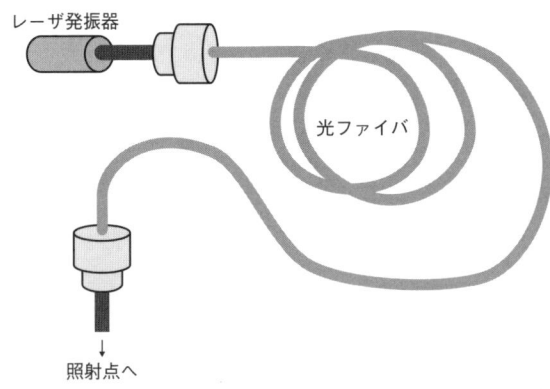

↓
照射点へ

図 2-7　光ファイバーによるレーザの伝送のイメージ

　この図の通り、レーザ発振器からの光は光ファイバーに入り、ファイバーの中を通って出てくる方式です。光ファイバーは捻じりや小さい半径での折り曲げには弱いですが、普通の電気配線と同じく、自在に曲げたり這わせたりすることができます。そのため、レーザの加工ヘッドを持って複雑に動くような環境ではミラー伝送にとって代わることも少なくありません。

2.2.2　レーザを集光する部分の仕掛け

　レーザが発振器から伝送されてきて、レーザを照射したい物体に今まさに照射されようとしています。ですが、伝送してきたままの状態が照射したい条件を満たしているという事は稀です。つまり、照射する前に、集光したり、広げたり、照射する前にレンズや鏡で光の状態を変化させます。一番ポピュラーな物は「集光」でしょう。名前の通り、光を1カ所に集中させることです。図 2-8 に示すように、平行な光を凸レンズまたは凹面鏡で1カ所に集光させます。こうすることによって、より小さい面積に高いエネルギーが載る形になるので、エネルギー密度が高くなります。そのため、太陽光の集光ではとても真似のできない「鉄を

溶かす」や、「物質を瞬間的に蒸発させる」ということが可能になります。図2-8に示したように、レンズから最も集光されている点までの距離を焦点距離といいます。この値はレンズの性能を表す数字の一つなのですが、焦点距離での集光径が同じであっても、長い距離をかけて集光するレンズと短い距離で一気に集光するレンズでは、加工の結果が変わることもありますので、レンズ選びは注意深くする必要があります。

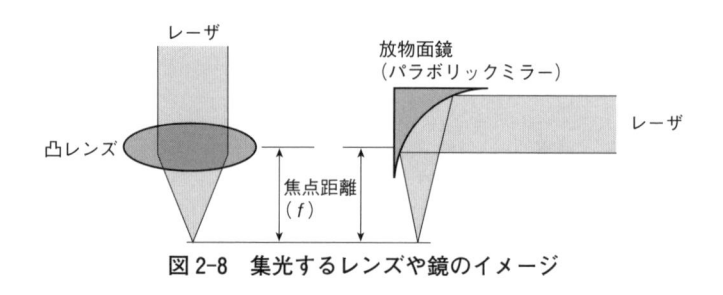

図2-8　集光するレンズや鏡のイメージ

このように、レーザ光をギリギリまで集光して照射する加工の代表格は、レーザ切断やレーザ溶接です。レーザ溶接もレーザ切断も加工する材料表面でちょうど集光している状態での照射が基本ですが、焦点が材料内部や材料上空にあるような条件で照射することもあります。そのため、材料表面が焦点距離よりもレンズ寄り、もしくは、焦点距離 + a の距離をわざとあけて照射することもあります。

　レーザの集光について最初に述べましたが、レーザ光を逆に広げることもあります。「広げる」と一言で言っても、ビームを拡大する方法もありますし、ミラー等で振って広い幅をスキャンさせる場合もあります。図2-9にそのイメージ図を示します。

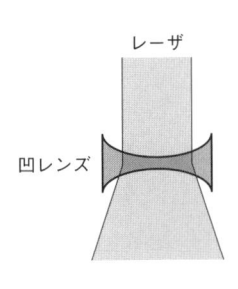

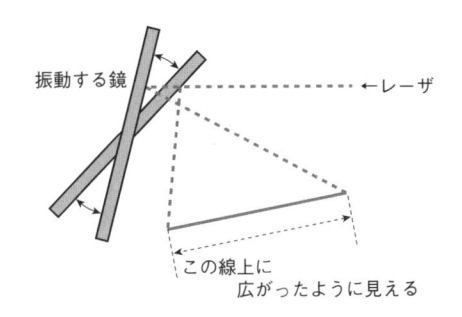

```
   レーザ              振動する鏡          ←レーザ


凹レンズ


                                     この線上に
                                     広がったように見える

   ビームを拡大するタイプ      ビームをスキャンするタイプ
       図 2-9　レーザを広げる方法のイメージ
```

　スキャンするタイプの代表格はバーコード等のスキャナです。皆さんもバーコードを読み込むレジで、赤い帯が点滅するスキャナを見たことがあると思います。

　もう一方のビームを拡大するタイプの代表格は、平行光を作り出す光学系です。図 2-9 の模式図のように、凹レンズとは、平行光は発散（広げる）させます。ですが、この模式図を逆立ちさせて見ると、焦点に向かいつつある光は平行に整える性質があることに気がつきます。そのためこの性質を上手く利用すると、凸レンズで焦点に向かう光を作って凹レンズに入れることで平行な光を作り出すことができます。

　図 2-8 では、凸レンズに平行な光が入っているように書いています。実際のレーザ加工機では、最終の集光レンズに対してこのようにレーザが平行光になって入射することが普通です。ですが、これは、そこまでの間に凹レンズ等で平行光を作って入射させているので、光を発散させるレンズですが集光系を組む上では重要なレンズだったりします。また、図 2-7 では、光ファイバーによるレーザの伝送を紹介しましたが、レーザ発振器で作ったレーザを光ファイバーに入れる際に平行光にする必要な場合もあり、その際にはこのような形で平行光を作ることがあります。他に身近な凹レンズの応用例としたら、カメラのレンズがあります。

2.2　レーザ発振器から照射されるまでの部分の仕掛け

2.2.3 レーザを分岐する部分の仕掛け

「1台のレーザ発振器で4カ所を同時にレーザ加工する」のような加工も発振器から照射されるまでの部分を工夫することで可能になります。反射ミラーの中には「受けた光の○%は透過する」というミラーも有ります。このミラーをうまく使うと、**図2-10**のように複数に分岐することが可能になります。複数に分岐したそれぞれに伝送系や集光系を組むことで、「1台のレーザ発振器で4カ所を同時にレーザ加工する」を実現することができます。実際の生産ラインでは、このような分岐をしている例もあるそうです。

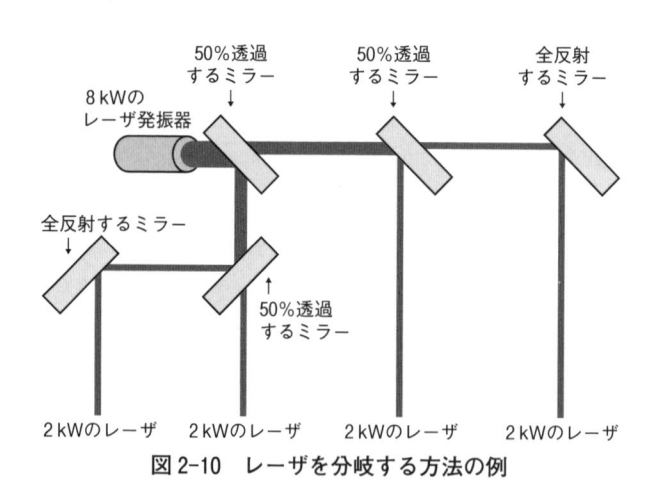

図2-10 レーザを分岐する方法の例

2.3 レーザ光を取り出す装置

ここでは、実際にレーザ加工機などに使用されているレーザについて簡単に紹介します。

2.3.1 昔からよく見かける発振器

1960年にメイマンが人類で初めてルビーレーザでレーザを発振してから、十数年経った1980年代には実用に耐えるレーザ切断機が誕生していました。そのようにレーザ加工機の黎明期から親しまれているレーザもあります。ここでは、古くから使用されている、もしくは、よく聞く名前のレーザについて紹介します。

＜CO_2レーザ＞

おそらく、レーザ加工機の中では最もよく見かけるのが、このCO_2レーザだと思います。「炭酸ガスレーザ」もしくは「シーオーツーレーザ」と読まれます。

CO_2レーザは、1964年にアメリカのベル研究所のPatelらによって発明されたレーザで、レーザの歴史の初期から存在するレーザの1つです。

その名前の通り二酸化炭素を放電等で励起して誘導放出を得るタイプの発振器です。発振器の原理を模式図的に図2-11に示します。得られるレーザの波長は10.64μmで赤外光のレーザですので、肉眼でレーザ光は見えません。波長が長いので、光ファイバーを使ったレーザの伝送は行われず、専らミラーや特殊なレンズによってレーザを伝送、集光します。

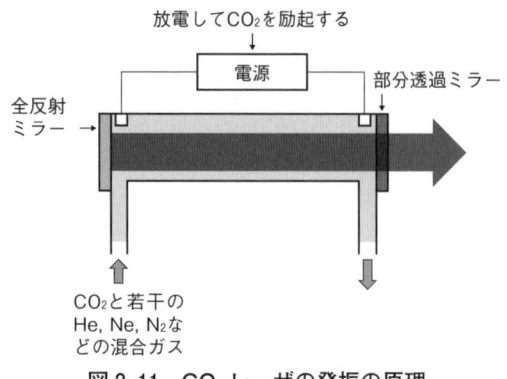

図 2-11　CO_2 レーザの発振の原理

　CO_2 レーザは、現在、発振が確認されているレーザの中では、最も高出力な連続波レーザです。中には 50kW もの高出力を連続発振する発振器もあります。そのため、その高い出力を生かせるレーザ切断やレーザ溶接によく用いられています。なお、レーザを発振する媒体が二酸化炭素というガスなので、ガスレーザの代表的なレーザでもあります。

＜YAG レーザ＞
　YAG レーザも CO_2 レーザと同じくらいによく耳にするレーザだと思います。CO_2 レーザはガスレーザの代表格でしたが、YAG は固体からレーザを取り出すので、固体レーザの代表的なレーザとして有名です。
　YAG レーザは、CO_2 レーザと同時期の 1964 年にアメリカのベル研究所の Geusic らによって発明されたレーザで、こちらもレーザの歴史の初期から存在するレーザの 1 つです。
　YAG レーザの発振は、イットリウム（Yttrium）とアルミニウム（Aluminum）とガーネット（Garnet）の結晶（$Y_3Al_5O_{12}$）に Nd^{3+} のような 3 価のプラスイオンをドープした結晶を励起してレーザ光を得ます。励起の方法は結晶にフラッシュランプやレーザダイオードでエネルギーを与える励起方法が一般的です。発振器の原理を模式図的に図 2-12 に示します。得られるレーザの波長は基本波で 1.06μm で近赤外光です。そのため YAG レーザ光も肉眼では見ることはできません。

しかし、CO_2 レーザとは違い、YAG レーザは光ファイバーを通すことができます。そのため、光ファイバーでレーザを伝送できることがYAG レーザの特徴の1つになっています。CO_2 レーザのようにミラーによる伝送も可能なので、必要に応じてファイバー伝送とミラー伝送が使い分けられています。また、CO_2 レーザよりも波長が10倍短いので、材料のエネルギー吸収率が CO_2 に比べて高くなるのも YAG の特徴です。

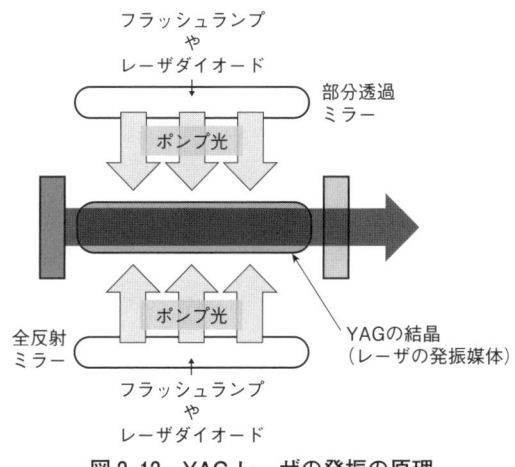

図2-12　YAGレーザの発振の原理

　YAG レーザは CO_2 レーザほど高出力を連続波で出せませんが、レーザ発振機の中では連続波で高い出力が出せるレーザの1つです。そのため、CO_2 レーザと同じくレーザ溶接やレーザ切断によく用いられるレーザです。

　他に YAG レーザの特徴としては、高調波があることです。基本波のYAG が特殊な結晶を通ることによって、波長の短くなったレーザを得ることができます。第2高調波（SHG）は基本波の半分の波長（532nm）で緑色のレーザで、第3高調波（THG）は基本波の1/3の波長（355nm）、第4高調波（FHG）は基本波の1/4の波長（266nm）になります。

また、YAGレーザの仲間としてYVO$_4$レーザを紹介します。YAGの結晶の代わりにバナジウム酸イットリウム（YVO$_4$）と呼ばれる結晶を使う場合も有ります。YVO$_4$を使っている場合、YVO$_4$レーザと呼んでYAGレーザと区別することもあります。得られる波長はYAGと同じく1.06μmです。

＜エキシマレーザ＞
　エキシマレーザはアルゴンやクリプトンやキセノンと言う希ガス元素からレーザを取り出しますが、希ガス単体は非常に安定な化学物質なので、フッ素や塩素、臭素のようなハロゲン元素と混ぜた状態で放電をすると、ArFのような分子ができ、このような分子の状態だと反転分布を作ることができるので、そこからレーザを取り出しています。そのため、分子になる組合せはいくつかあるのですが、有名な組み合わせはArF、KrF、XeCl等が挙げられます。発生するレーザの波長は、ArFが193nm、KrFが248nm、XeClが308nmと短い波長のレーザが得られます。
　エキシマレーザの主な使用場面は、機械加工や半導体製造におけるフォトリソグラフィがあります。また、薄膜の作製方法の1つであるPLD法にも用いられています。なお、最近では眼科治療法の1つであるレーシックでもエキシマレーザが使われています。

＜ヘリウムネオンレーザ＞
　ヘリウムネオンレーザは名前の通り、ヘリウムとネオンの混合ガスからレーザを取り出します。He-Neレーザと表記されることもあります。1960年に開発された当初は赤外レーザだったのですが、1962年にお馴染みの波長632.8nmの赤色発振のHe-Neレーザが達成されました。
　ある比率で混合したヘリウムとネオンの低圧混合ガスは毛細ガラスチューブに注入され、プラズマになります。ここで励起したヘリウムと基底状態のネオンの衝突がおこり、ネオンの反転分布を作ってレーザを発振します。なお、He-Neレーザは出力が高くないので、加工用のレー

ザとして使われることはありませんが、レーザ加工機の狙い位置（レーザの照射される場所）を示すための位置決めレーザとしてしばしば搭載されていることを目にするレーザです。

＜ルビーレーザ＞

ルビーレーザは、世界で初めてレーザが発振したレーザで、最古のレーザです。1960年にメイマンが人類で初めて発振したレーザがこのルビーレーザです。レーザを発振するのは、ルビー（Al_2O_3）のAlのうち若干量がクロムに置換された個体です。この個体をフラッシュランプによって励起して反転分布を起こさせます。次に誘導放出により放出された光が増幅され、ある一定以上のエネルギーになるとレーザとして出力されます。ルビーレーザの波長は694.3nmで、赤いレーザです。

なお、ルビーレーザは現在使用されているその他レーザに比べて効率が悪いので、研究や産業応用に使われることはほとんどありません。ですが、医療用途では、メラニン色素がルビーレーザから出る波長の光を吸収しやすいので、シミ・ホクロ消しなどに利用されています。

＜銅蒸気レーザ＞

銅蒸気レーザは、1966年に開発されました。現在、このレーザは金属蒸気レーザと区別されているグループの代表格です。銅以外にも金属蒸気レーザはありますが、銅は安価な割にレーザの出力が高いので、銅蒸気レーザが代表的な金属蒸気レーザとされています。

銅を封入したチューブを1,400℃くらいに加熱し、チューブ内を銅の金属蒸気で満たします。この状態で放電をすることで、電子によって銅が励起され、レーザを取り出します。発振波長は、511nmと578nmの2波長で緑色です。蒸気温度によって発振比率が異なりますが、温度が高いほど578nmの発振が強くなります。現在200Wくらいまでのレーザが市販されていますが、操作は煩雑であり、レーザの出力も大きくないので、加工用のレーザとしては使われることは稀です。

ですが、銅蒸気レーザには高い発振周波数を誇るパルスレーザという

特徴があり、流れの可視化をはじめとした高速度カメラ用光源として様々な研究でよく使われています。

2.3.2　最近見かけるようになった発振器

CO_2 や YAG レーザが次第に高出力化するに伴い、計測だけでなく、切断や溶接をはじめとして多くの加工にレーザが適用されるようになってきました。そんな中でも、新しく開発された、もしくは、新たに使われるようになった新しいレーザもいくつかあります。代表的な物を以下に紹介します。

＜ファイバーレーザ＞

ファイバーレーザは、新しい概念のレーザです。光ファイバーの中に希土類元素をドープすることで、ファイバー自身がレーザを発振する媒体となる構造です。レーザを発振するファイバーの両端は特殊なミラーを設置しており、片側はレーザを発振するためのポンプ光は透過しても発振中のレーザは全反射するミラー、反対側は発振しているレーザの一部を出射光として外へ取り出して残りを反射させる回折格子になります。

図 2-13 に模式図を示します。この方式は、発振媒体である光ファイバーのコア径が非常に小さいため、YAG レーザ等の発信媒体が太い個体レーザで問題になる「熱による光学品質の不揃い」がなく、均一なビーム品質を得られます。ただ、「高強度のパルス動作には不向き」という短所もあるようです。

ファイバーレーザで得られる出力も 20kW 程度まで幅が広く、YAG のように光ファイバーによる伝送も可能な上、発振器の構造も簡便で省スペースが実現されているので、最近では CO_2 や YAG に代わって使われることも多いレーザです。

希土類がドープされた
光ファイバ
（レーザの発振媒体）

←ミラーの間を往復する
　ことによって増幅。

ポンプ光
（レーザを励起
　するための光）

レーザ光

↑
ポンプ光は通し、
レーザは反射する
ミラー

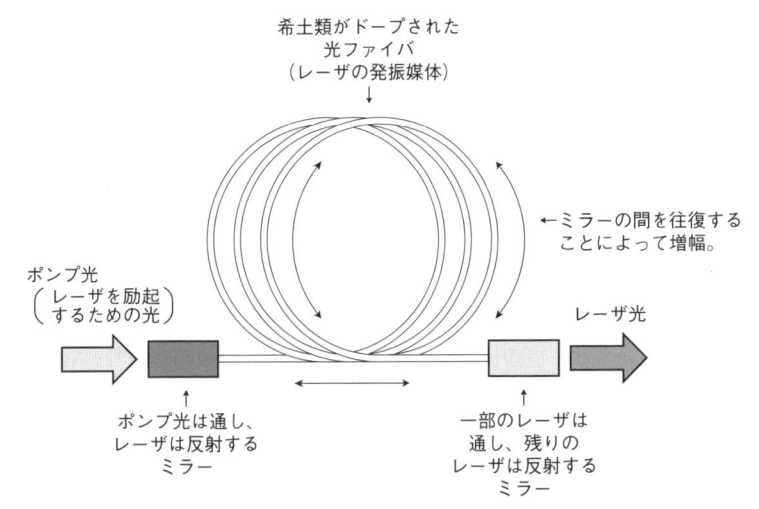

↑
一部のレーザは
通し、残りの
レーザは反射する
ミラー

図 2-13　ファイバーレーザの発振概念図

<ディスクレーザ>

　ディスクレーザは YAG レーザのような固体レーザと同じく、レーザを発振する媒体が固体ですが、その形状が大きく違います。例えば YAG レーザは、励起する YAG の結晶は円柱状のロッド型ですが、ディスクレーザは名前の通り薄い板（円板）状です。

　図 2-14 に模式図を示します。薄い円盤状になっているレーザを発振する結晶にポンプ光を照射し、レーザを発振させます。このディスクの裏面にはポンプ光とレーザの全反射ミラーがコーティングされており、ここと表面側にあるミラーとの間で反射させてレーザを発振します。

　なお、ディスクの背面には強力なヒートシンクが付いているため、結晶内の温度勾配はほぼ均一になるので、ロッドタイプの固体レーザでしばしば問題になる「熱レンズ効果」を気にしなくてもいい点は大きな特徴です。発振器の出力は数 W ～数 kW まで幅広くあるので、レーザ溶接やレーザ切断以外にも様々な用途に適用が広がっているレーザです。

2.3　レーザ光を取り出す装置

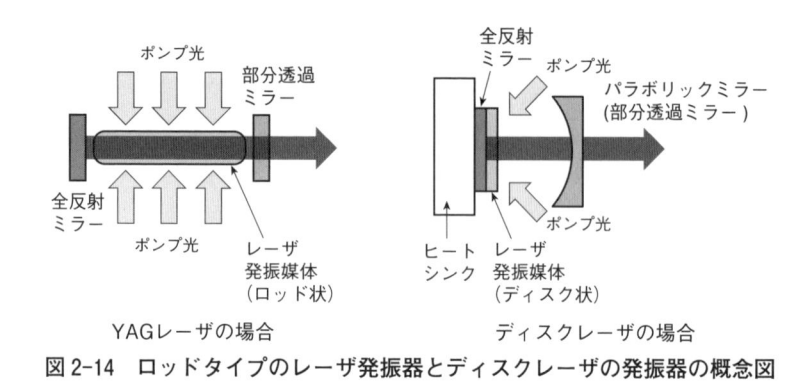

図 2-14　ロッドタイプのレーザ発振器とディスクレーザの発振器の概念図

(3) 半導体レーザ

　半導体レーザは、ダイオードレーザと呼ばれることもあり、LDと略記されることもあります。名前の通りレーザの発振には半導体が関与します。励起するためには半導体に電圧をかけることで、半導体のpn接合部分に電子と正孔を作り出し、レーザの発振は、これらが再結合する際にバンドギャップに相当するエネルギーを光として放出されることを利用しています。

　特徴は、非常に小さく、消費電力も低く安価に生産できるので、CDやDVD等の光学ドライブの光ピックアップ、コピー機やレーザープリンター、光ファイバーを用いた通信機器など、身近な機器にも応用が散見される。近年は、高出力な半導体レーザも開発されているので、レーザ溶接などの高い出力を要する加工にも使われる場合があります。

＜チタンサファイアレーザ＞

　チタンサファイアレーザは、サファイアにチタンをドープした結晶を、アルゴンレーザーやNd:YAG、Nd:YLF、Nd:YVO$_4$の第2高調波で励起して発振するレーザです。一番効率良く発振するのは波長が800nmの光で赤色です。

　このレーザの最大の特徴は、極短パルスの発振ができることにあります。パルスの長さは10fs（フェムト秒；10^{-15}秒）〜数ps（ピコ秒；10^{-12}秒）で発振が可能で、最近話題になった「フェムト秒レーザ」で

す。

　フェムト秒のレーザ照射では、レーザのエネルギーが熱に変わる時間よりも短い時間しかレーザ照射されないので、熱影響部のないアブレーションが可能であることが確認されています。しかし、極短パルスに伴う現象には、まだ不明な点が多いので、さまざまな研究が現在盛んに行われています。

2.3.3　その他のレーザ発振器

　ここまでは古くからあるレーザや最近出てきたレーザのうち、レーザ加工や産業界でよく見かけるレーザについて紹介してきました。ここでは、こんなレーザもあるという情報をいくつか載せておきます。

＜化学レーザ＞

　化学レーザは、励起された分子によって誘導放出を行うレーザです。励起の方法は、化学反応によるタイプと光分解や放電によって活性化した原子や分子を反応させるタイプがあります。一般的な化学レーザとしては、酸素―ヨウ素化学レーザやフッ化水素レーザ等があり、赤外線を放射します。

　また、化学レーザの出力は非常に強いため、切断や穴あけのような加工以外にも、弾道ミサイル防衛なんかにも使用されるそうです。なお、化学反応による生成物として大量の有害なハロゲン化合物を放出するなど要注意な点もあるレーザです。

＜自由電子レーザ＞

　自由電子レーザは、自由電子のビームと電磁場との共鳴的な相互作用によってコヒーレントな光を発生させるレーザのことです。電気的な制御によって波長を調整できるのが特徴で、軟Ｘ線、紫外域、可視光線、遠赤外域まで幅広い波長の光を取り出すことができます。高い出力の発振も実用化できると言われており、兵器としての実用化の研究もされているようです。

<色素レーザ>
　色素レーザは、レーザを発振する色素が液体なので、液体レーザの仲間になります。液体の中の色素は、炭素と水素を成分とする高分子でレーザ発振をします。レーザの発振ができる色素は数多く確認されており、色素によって発振する波長も異なります。そのため、「色素レーザ」と名のつくレーザの発振波長の範囲は300nm～1,200nmと幅が広いです。
　発振はアルコールに溶かした色素に励起に適した波長のレーザ光を照射します。出てくるレーザの波長の幅は広いので、発振器内の回折格子組み込んで希望する波長を取り出すせる可変波長発振レーザとしての特徴があります。

■参考文献

［１］レーザ技術入門講座；谷腰欣司著；電波新聞社；2007.7
［２］光学機器が一番わかる；福田京平著；技術評論社；2010.5
［３］よくわかる光学とレーザーの基本と仕組み［第2版］；潮英樹著；秀和システム；2010.6
［４］レーザ加工技術；宮崎俊之、宮沢肇、村川正夫、吉岡俊朗共著；産業図書、1991.5
［５］実用レーザ技術；平井紀夫著；共立出版；1987.12
［６］絵とき　レーザ加工基礎のきそ；新井武二著；日刊工業新聞社；2007.6
［７］らくらく図解光とレーザ；陳軍、山本将史共著；オーム社；2006.12
［８］トコトンやさしいレーザの本；小林春洋著；日刊工業新聞社；2002.6
［９］光と光の記録――レーザ編；安藤幸司；http://www.anfoworld.com/lasers.html

3章 レーザ加工をするためには

　第2章では、レーザ発振に関するお話と発振したレーザをどのように加工部に持ってくるのかというお話をしました。この第3章ではレーザ発振器を搭載したレーザ加工機について考えてみましょう。

　レーザ加工機は、名前の通りさまざまな材料の加工をレーザで行う機械です。有体に言うと、レーザを使って切断したり溶接したりする機械なのですが、その心臓部であるレーザ発振器だけでは加工は成立しません。加工材料やレーザヘッドを移動させる仕掛けや加工材料を保持する仕掛け、レーザの発振方法や照射方法、加工を補助するガスなど、レーザ発振器以外の場所でも加工を左右する場所は沢山あります。この章では、その辺のお話をします。

3.1　レーザが材料に当たると何が起きるか？

　レーザ発振器から発振したレーザが材料に当たると何が起きるかについて考えます。レーザ加工機は一つの例外もなく、レーザを加工したい材料に当てて材料を変化させますので、今から考える事はレーザ加工で一番肝になる部分です。では、「物質にレーザが当った際に物質がどう

なるか」の観点から相互作用を考えてみましょう。

3.1.1 熱的な相互作用

まずは図3-1のような照射を考えます。レーザは高いエネルギーを持つ光ですが、図のように広い範囲を照らしている場合、広い範囲を発振した出力で均等に温める形になります。温まる範囲は熱伝導的に等方向に温まります。そして温めた場所の温度が融点を超えた場合、その部分は溶融します。溶接した場所は、レーザが走り去って溶融状態を維持できなくなると、再び凝固して固まります。

そのため、2つの材料を密着した状態でその境界を溶融するほど温めた場合、溶けている部分の深さは浅いですが、この照射方法で溶接加工が可能になります。また、溶融するほどの温度をかけなくても、ある一定の温度をかけることで材料が硬くなるなどの変質することがあります。鉄は温度をかけることで材料の性質が変化する代表例ですが、加熱／冷却の加減によって、焼入れや焼きなましを行うことができます。レーザで狙ったところだけを熱処理する際にも、このような形の照射をすることがあります。

照射状態の図　　　温まり方の図（断面図）
　　　　　　　　　（熱の伝わり方の図）

融点を超えると溶融する

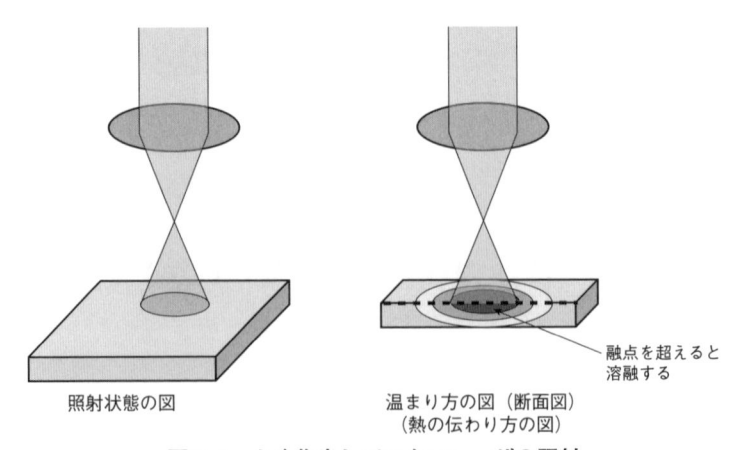

図3-1　よく集光していないレーザの照射

次に、図3-2に示すようによく集光した状態で照射した場合について

考えましょう。図3-1の場合とは違い、加工したい材料の表面上で焦点を結ぶ照射です。このとき、レーザが照射されている部分は針の先ほどの面積に発振器で発振した出力が全て乗っている状態ですので、照射位置では、材料が溶けると同時に激しい蒸発がおきます。そして蒸発の圧力によって、照射位置に深い穴が形成されます。

　この穴はキーホールと呼ばれており、レーザや電子ビームなどのエネルギー密度の高いビームを当てた時に確認される独特のものです。このキーホールの内部はレーザの照射によって激しく材料が蒸発しているので非常に高温です。なので、キーホールができるような照射の場合は、熱伝導型の深さも幅も均等に熱が伝わるのではなく、キーホールに沿った形で深さ方向に熱が入るようになります。

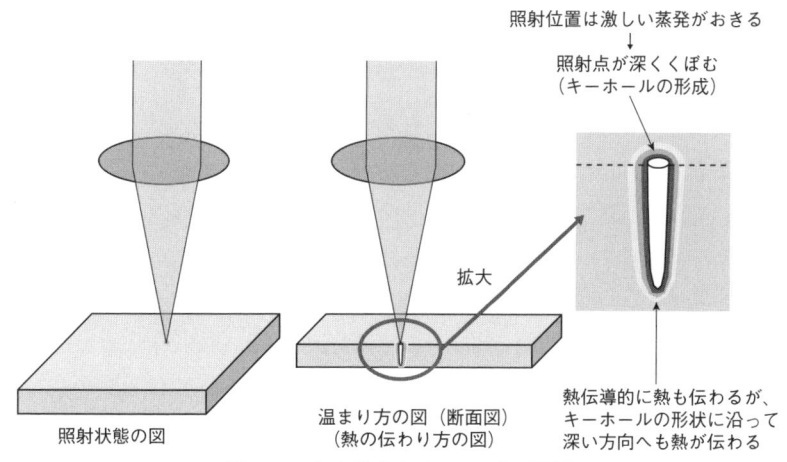

図3-2　よく集光したレーザの照射

　このタイプのレーザの照射の方法は高いパワー密度で深さ方向の加工を必要とする場合に使われます。具体的にはレーザ切断やレーザ溶接が挙げられます。ですが、十分に集光しているレーザでも、エネルギーが小さいと、図3-1に示すような熱伝導的な照射になります。

　なお、キーホールが生成する照射でも、照射位置が非常にゆっくり移動した場合には、図3-3に示すように、深さ方向だけじゃなく、幅方向

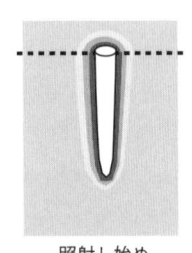

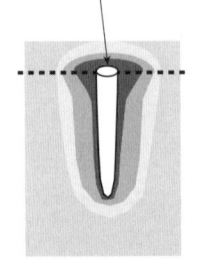

にも相当熱が伝わります。

照射位置があまり移動しない場合は、次第に周囲にも熱が伝わる

照射し始め　　　同じ位置に照射継続
図 3-3　レーザ照射位置があまり速く動かない場合の熱の伝わり方のイメージ

　ここまでの話では、「レーザのエネルギーが材料を溶かして…」と言う現象について書いていますが、これは、レーザのエネルギーが材料に熱として吸収されたために起きたものです。そのため、これらの方式で照射する加工では、加工した部分の近傍に融点に近い高い温度まで加熱されて冷却されることで変質する部分（熱影響部）が発生します。
　このレーザのエネルギーを熱として吸収するメカニズムでは、よく知っておかないといけないことがあります。それはレーザの材料に対する吸収です。一般にどんな材料でもレーザ光を100％吸収するということはありません。多くの場合はその一部分を吸収し、残りは反射しています。そして、このようにレーザを吸収／反射する率は材料によって固有の値であり、同じ材料であっても照射されるレーザの波長によって吸収率は変化します。**図 3-4** に縦軸が吸収率で横軸がレーザの波長とした場合の代表的な材料のレーザの吸収率をグラフにしたものを示します。
　この図で吸収率が高い値を示すものは、レーザのエネルギーが効率よく材料に吸収されていることを示しており、「レーザで加工しやすい材料」と言えます。逆に吸収率の小さい材料はレーザのエネルギーがたくさん反射されていることになり、「レーザで加工しにくい材料」と言えます。

特に加工したい材料がほとんど100%反射するような波長のレーザを照射する場合、照射したレーザはほとんど全て反射されることになるので、その強力な反射光によって周囲に多大な被害をもたらすことがあります。最悪の場合は作業者の失明や肉体的損傷、反射光が発振器に戻った場合はレーザ発振器の故障など、重大な事故につながります。

したがって、そのようなトラブルを防ぐためにも、用いるレーザの波長と加工したい材料の吸収率や反射率を事前に調べて知っておくと、より安全で効果的な加工が可能になります。

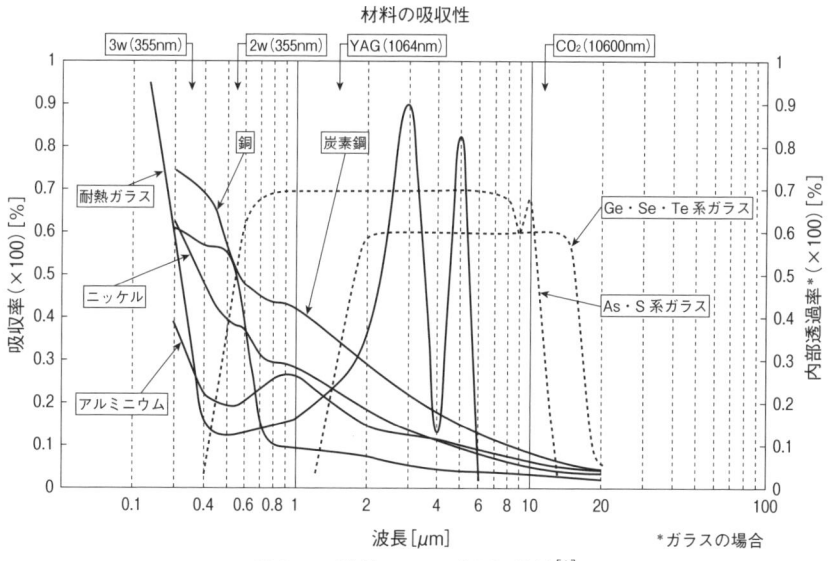

図3-4 材料のレーザ吸収特性[1]

3.1.2 非熱的な相互作用

ここまでは、レーザのエネルギーが熱として吸収される場合に何が起きているかを記しました。では、さらにパワー密度が高い場合はどのようなことが起こるのか考えてみましょう。図3-2に示したようにキーホールができる高エネルギー密度なレーザ照射よりもより高いエネルギー

密度になる照射をした場合、**図 3-5** に示すように、材料表面は極狭いエリアに更に強力なエネルギーが入ります。その結果、照射された部分の材料は「溶けてから蒸発」ではなく、「いきなり蒸発（気化）」します。このように材料の表面が蒸発、侵食によって分解する現象をアブレーションと言います。アブレーションの場合、熱的にレーザのエネルギーを吸収させている場合とは違い、照射位置近傍に熱影響部はほとんどできません。

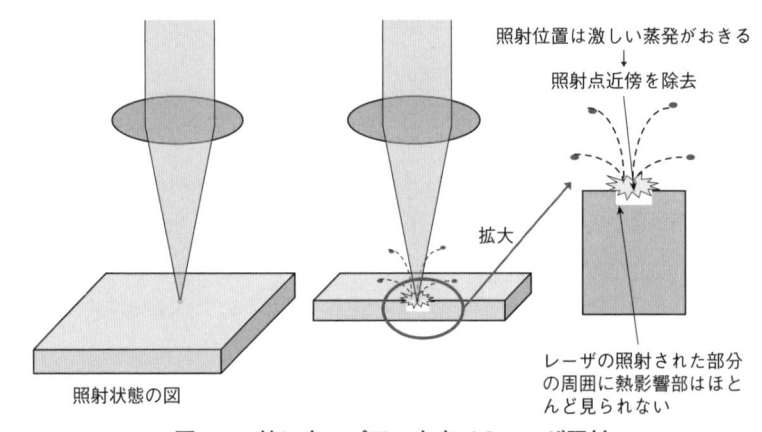

図 3-5 特に高いパワー密度でのレーザ照射

このような照射ができるレーザの代表はフェムト秒レーザです。また、エキシマレーザも YAG レーザに比して熱影響部の小さいアブレーション加工が可能です。

レーザと材料の相互作用は、照射するパワー密度によって違った形になることを紹介しました。これらをイメージしやすくまとめられた図があります。**図 3-6** にそれを示します。この図は照射するパワー密度と照射される時間の関係でまとめていますが、「レーザは照射するエネルギー密度の違いによって、こんな感じで現象が変わるのかなぁ」と頭の片隅に置いておくと良いかもしれません。

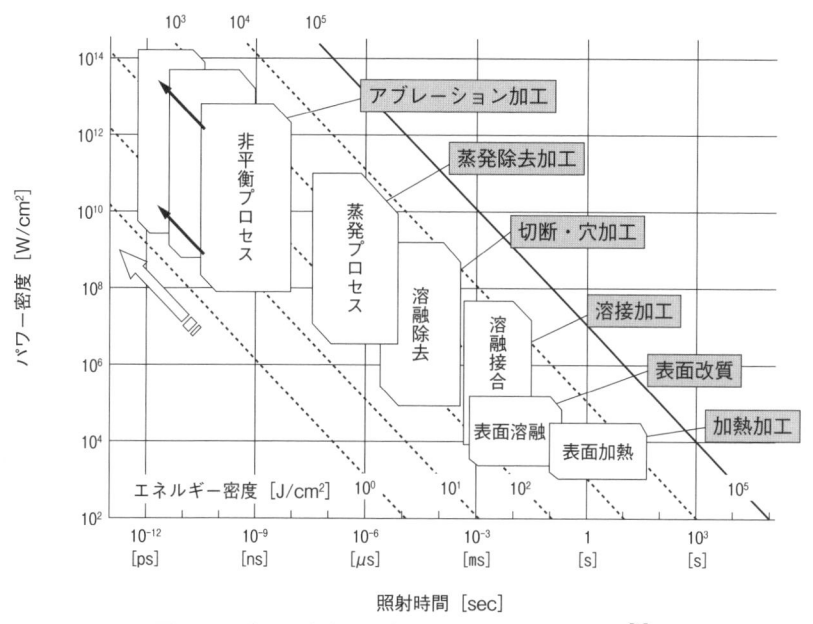

図 3-6　パワー密度と照射時間に対する加工領域[2]

3.2　レーザ加工機を構成する機器のいろいろ

　ここまでは、レーザの発振やレーザが材料に当たると何がおきるかなどの基礎的なお話が中心でした。ここからはレーザ加工機について考えます。レーザ加工機はレーザを材料に照射することで加工を行うので、その心臓部にレーザの発振器があることは想像に難くないと思いますが、実はその心臓部だけではできることが限られます。

　では、実際のレーザ加工機がどのように構成されているのかを、レーザ切断機の場合を模式図的に図 3-7 に示します。

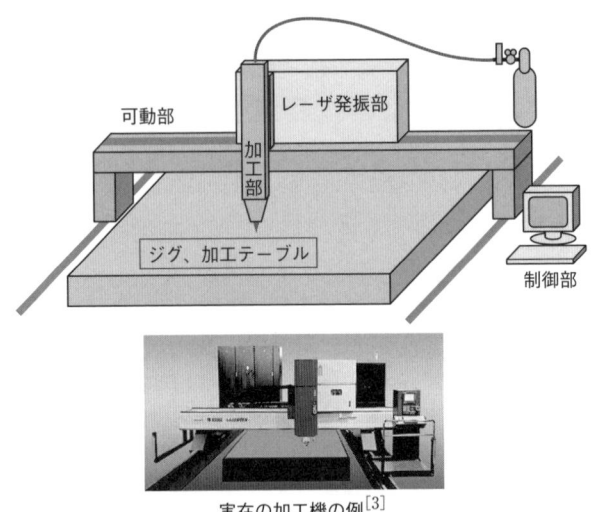

図 3-7　レーザ切断機の構成

　レーザ切断機はレーザを発振する発振器以外に、より精度良く切断するためにチューニングした集光系である加工部、加工したい場所までレーザを移動させる可動部、レーザの照射条件や可動部の運動を制御する制御部、そして、加工したい材料を保持し、良好な加工を支えるワークテーブル（ジグ）に大別できます。

　このようにレーザ加工機は、さまざまな機器がサポートして初めて加工機として機能しています。それではレーザ加工機を構成する機器について紹介します。

3.2.1　レーザ発振部のいろいろ

　レーザ発振部は加工に必要なレーザを作り出すところですが、何でもいいからレーザ発振器を載せていれば良いというものではありません。その加工機が加工しようとする材料や加工の種類、仕上がりの品質などを考えて、最適なものが搭載されています。

＜どの波長のレーザでどのくらいの出力か＞

そのレーザ加工機がどの材料をどんな加工し、どのくらいの加工速度や加工厚さまでを対象とするのかを考慮してレーザの種類が選ばれています。一般にレーザ切断やレーザ溶接と言ったレーザの出力を要求する加工では出力の大きなレーザが選ばれることが多く、CO_2レーザやYAGレーザやファイバーレーザ等が良く用いられます。

ですが、前節で紹介したように、材料にはレーザを吸収しやすい波長としにくい波長がありますので、加工機が対象とする材料によっては、CO_2レーザやYAGレーザとは違う波長を出すレーザを搭載することもあります。図3-4に示したような加工したい材料の吸収率や反射率のデータを参照しながら加工に有利な波長を選ぶと良いでしょう。

＜連続発振（cw）かパルス発振か＞

搭載したレーザ発振器から発振される状態によっても加工結果は大きく左右されます。例えば、図3-8にあるようにレーザが連続して同じ出力で出ている場合と周期的に強弱がある場合を考えてみましょう。

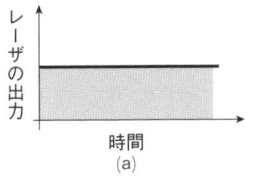

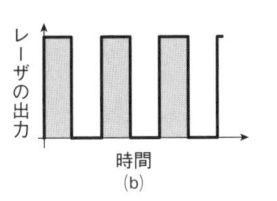

図3-8　連続発振（cw）とパルス発振（pw）

図3-8の(a)のようにレーザが一定の出力で連続に出ている発振を連続発振（cw：continuous wave）と言います。逆に(b)のような周期的にレーザの出力がON/OFFしているような発振をパルス発振（pw：pulsed wave）と言います。(b)のタイプは周期的にレーザがOFFになっているので、最大の出力が少々高くても材料に対する入熱が抑えられます。そのため、図3-9に示すような鋭角に曲がるレーザ切断でも、角を溶かすことなく綺麗に切り取ることができます。

3.2　レーザ加工機を構成する機器のいろいろ

しかしながら、(b)のタイプは周期的にレーザがOFFになっているため、高速で切断するには不向きで、**表 3-1** のようにレーザの照射の間隔が広がり、加工が荒くなってきます。そのため、高速に加工する場合は(a)のタイプの連続発振がよく使われています。

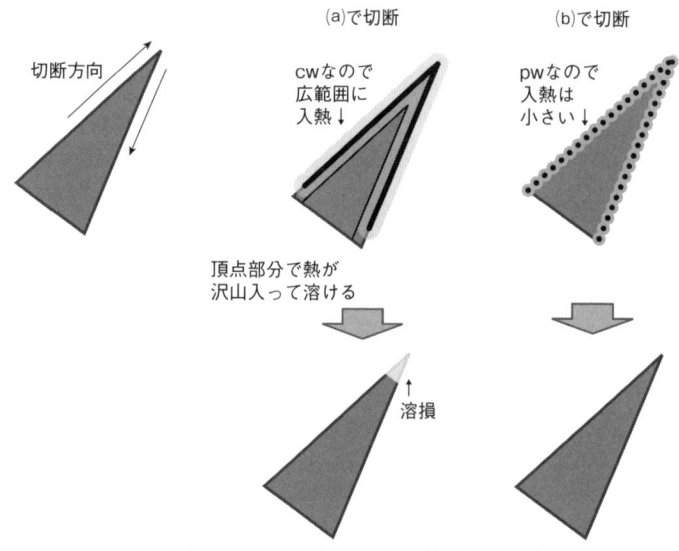

図 3-9 入熱が少ないからこそできること

表 3-1 高速加工時の特徴

	速度が遅い時	速度が速い時	速度がさらに速い時
パルス発振	良好な加工	荒い加工	点線状態
連続発振	全線でレーザON 周囲への入熱に注意	全線でレーザON 良好な加工	全線でレーザON 良好な加工

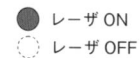

● レーザ ON
○ レーザ OFF

このように発振方法がパルスか cw かという少しの違いだけで、加工機の性格がガラリと変わってきます。そのため、発振形態を選ぶのは発振器を選ぶのと同じくらい加工機の性格を決める部分に影響します。
　また、パルス発振ができるレーザによっては、ピーク出力（パルス発振でレーザが ON になった瞬間の出力）が連続発振よりも高くなるものもあるようです。

＜瞬間的な発振など＞
　前節でも紹介しましたが、レーザと材料の相互作用では、照射されるパワー密度によって、熱的な相互作用と、熱的でない相互作用の場合があり、それぞれの方式での材料の加工され方はほとんど別物です。
　前章でさまざまなレーザを紹介したように、用いるレーザによっては、瞬間的に高い出力を出せたり極短パルスの発振ができたり、特殊な発振ができるものがあります。また、Q スイッチを使ってジャイアントパルスを得る方法もあるようで、このような特殊な発振によっても加工機の性格は変わります。

3.2.2　加工部のいろいろ

　加工部はレーザ発振部で発振したレーザを適切に伝送・集光し、加工している部分です。

＜光の伝送と集光部の防御＞
　レーザの伝送と集光については前章で基本的な部分を紹介しているので、ここでは加工機として気をつけるところを紹介します。
　まず、加工機として必要なことはレンズやミラーを守ることです。図 3-10 に示すように、普通のレーザ加工では、溶けた材料が飛び散ったり、ヒュームと呼ばれる微粒子が発生することがあります。これらがレンズやミラーに飛び上がって付着すると、付着した物質がレンズやミラーの表面でレーザの吸収力反射を行うようになり、大量に付着した場合には、その吸収や反射で発した熱などによってレンズやミラーの破損が

起きて装置が停止します。

　このようなことがおきないために、集光距離の長いレンズを使ったり、レンズの前に保護ガラスをつけたり、途中にエアカーテン（圧縮空気のジェットで煙の進路を遮断する）を設置するなどして、極力このような汚れが付かないように工夫されています。それでも、大きな出力で加工をする場合には、これらの防御を超えて汚れのつく場合もあるので、定期的に作業員がチェックすることも重要です。

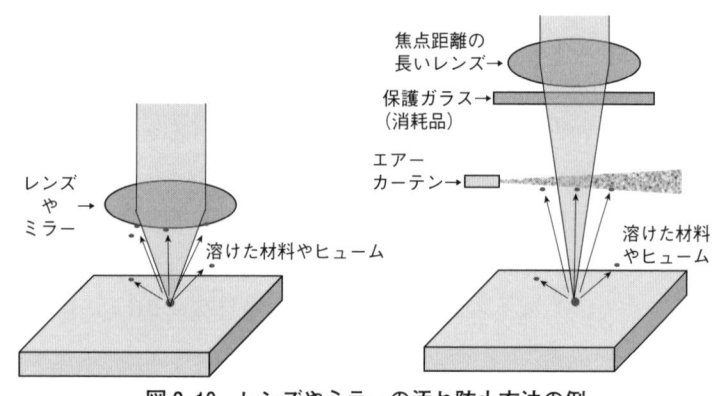

図 3-10　レンズやミラーの汚れ防止方法の例

　次は、YAG レーザやファイバーレーザのような光ファイバーによる伝送が可能なレーザが発振器から複雑な動きをする加工ロボットが持つ集光ヘッドまで光ファイバーで伝送している場合を考えてみましょう。

　図 3-11 の(a)のような状態ですが、光ファイバーが自由に這い回っていては、作業環境上あまり良いこととは言えません。しかしながら、(b)に見られるように闇雲に光ファイバーを拘束するのはさらに良くありません。それは、拘束されたファイバーの長さによって間接の可動が制限されたり、余計な拘束のせいで光ファイバーを小さな R で急カーブさせないといけない箇所が出るからです。

　光ファイバーは電線のように自由に引き回せるのが特徴ですが、小さな R で急激に曲げるとファイバーが折れたり、光の伝送が極端に悪くなります。この状態でレーザを通すと大きな事故につながります。です

ので、光ファイバーを使った伝送の場合は、光の伝送路を守る意味でも、「ファイバーが装置と干渉しないか？」あるいは、「急激に曲がることはないか？」などということについても配慮しておく必要があります。

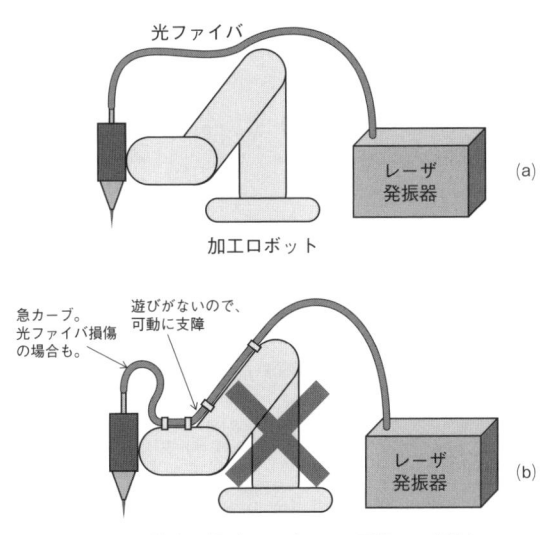

図中ラベル（a）:
光ファイバ
加工ロボット
レーザ発振器

図中ラベル（b）:
急カーブ。光ファイバ損傷の場合も。
遊びがないので、可動に支障
レーザ発振器

ファイバの拘束し過ぎはロボットの可動への支障と、光が通りにくい小さいRを作り、ファイバ（光路）を壊しかねない

図3-11　光ファイバーの拘束の良し悪し

＜アシストガスとガスノズル＞

　レーザ切断やレーザ溶接では、レーザの照射と同じくらい大事な役割を持った部品が加工部に付いています。それはアシストガスを吹くためのノズルです。レーザ溶接の場合はアシストガスではなくシールドガスと言いますが、その名の通り加工をアシストします。

　レーザ切断もレーザ溶接もレーザをよく集光した状態で照射する点は同じなのですが、レーザ切断では、アシストがレーザの熱で溶かした金属を外部へ吹き飛ばすという重要な役割を果たします。また、レーザ溶接では、アシストガス（シールドガス）が溶かした金属を覆うように吹き付けられることで、溶接箇所で凝固するまで空気に触れないように保

護します。

　このように、ガスの吹き方一つで加工がガラリと変わります。「たかがガス」ですが、レーザ加工にとっては、加工を大きく支援する重要な部分です。図 3-12 にイメージ図を示します。

先の細いノズルから強力なガスジェットを溶融した金属に吹き付ける

溶融した金属が吹き飛ばされることで切断される

溶融した金属は吹き飛ばされる

レーザ切断

大きな口径のノズルからArやHeのような不活性ガスが緩やかに溶融した金属に吹き付ける

外気
(酸素など)

溶融した金属はシールドガスで保護されることで、良好な溶接になる

溶融した金属は凝固するまでガスで外気から保護される

レーザ溶接

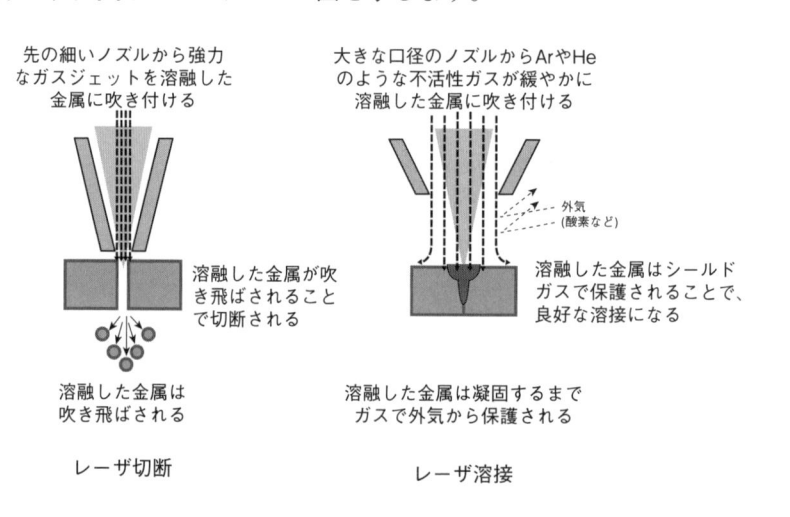

図 3-12　ガスノズルと加工の違い

　この図では、レーザ切断のガスは、溶けた金属の吹き飛ばしの働きしか書いていませんが、酸素ガスを用いた場合、酸素と金属の酸化熱で切断材料を溶かす働きをするので、溶融した金属の吹き飛ばし以外にも、ガスが溶解のアシストをする場合もあります。また、レーザ溶接のシールドについても、この図ではレーザと同軸に吹く絵で紹介していますが、場合によってはレーザの軸とは別に別方向からシールドガスノズルを作ってシールドする場合もあります。そして、溶接する材料や場合によっては溶接ビードを長い距離にわたってシールドする特殊なノズルや装置を付けていたり、真空チャンバー（もしくは雰囲気チャンバー）の窓からレーザだけを入れたり、水中溶接用の特殊装置と一緒に水中での溶接を行ったりする場合も有るなど、図と違うレイアウトでの溶接をする場合もあります。

＜ジグや加工テーブル＞

　実はジグや加工テーブルは、一番加工を左右する場所だったりします。例えば、レーザを有る条件で集光して一定の条件で当て続ける場合、集光レンズと照射する加工材料の間の距離は常に同じ間隔を維持できないと不可能です。また、レーザ溶接のように、よく集光して照射する加工の場合は、加工予定の場所に隙間や段差があると、加工が不安定になります。こういう予期せぬ不具合を避けるためにも精密に押さえられるジグは重要です。

　このように、加工の数だけ最適なジグや加工テーブルがあり、いかに最適な照射ができるか否かがレーザ加工の腕を決める尺度と言っても良いくらいの部分です。そのため、さまざまなタイプのジグや加工テーブルが市販されていたり、ユーザによってカスタマイズされています。

3.2.3　可動部のいろいろ

　可動部は加工部を加工したい場所に移動させる部分なので、加工中は非常に頻繁に動きます。多くの場合はロボットで、大別すると図3-13のように2つのタイプになります。

門型[3]

小池酸素株式会社製　LASERTEX-3560TRZ
http://www.koikeox.co.jp/products/setsudan/f_setsudan.htmより

ロボット型[4]

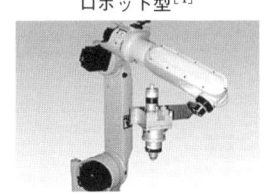

三菱重工ニュースより
http://www.mhi.co.jp/news/sec1/020423.html

図3-13　門型とロボット型

　門型はガントリー型ともいわれることがあり、門の形をした部分が前後左右上下（場合によっては首振りもある）に移動して加工点へレーザを運びます。大掛かりな装置では、門にレーザ発振器も乗っている場合があります。一方、ロボット型はまさに産業用ロボットにレーザ加工へ

ッドを持たせる形になり、レーザ発振器がロボットに載っていることは稀です。ロボットの腕の中を光ファイバーやミラーでレーザを伝送してくるのですが、関節が多いものほど、複雑な動きが可能です。

3.2.4　制御部やその他周辺のいろいろ

　制御部は、レーザの照射条件や照射位置、走査方向や速度、アシストガスの流量など、レーザ加工機のすべての情報を一手に管理している部分です。そのため、ここは加工機の脳味噌とも言うべき場所で、オペレーターが直接操作したり設定したりできる場所です。加工機によっては、推奨加工条件を内蔵しているものもありますが、オペレーターの経験が反映されることによって、推奨条件よりも良好な加工ができる加工条件を手動で設定することもあります。レーザ加工は、スタートボタンを押すと後は自動加工である場合が多いので、制御部で入力する加工条件や加工方法は、加工者の腕が問われる非常に重要な作業です。

　その他、加工部のガスノズルの項でも若干紹介しましたが、加工する材料や場合によって、レーザを照射する周辺や加工装置周辺に特殊な工夫をすることがあります。その場合は、制御部で制御している項目以外にも、特設した装備類など周辺の機器についても注意しておく必要があります。

　では、次章から、実際の加工の話を始めます。

■参考文献

［１］絵とき　レーザ加工基礎のきそ；新井武二著；日刊工業新聞社；2007.6；p.84　図 4-3
［２］絵とき　レーザ加工基礎のきそ；新井武二著；日刊工業新聞社；2007.6；p.98　図 4-15
［３］小池酸素株式会社製　LASERTEX-3560TRZ；http://www.koikeox.co.jp/products/setsudan/f_setsudan.htm より
［４］三菱重工ニュース；http://www.mhi.co.jp/news/sec1/020423.html

4章 レーザ切断をしてみよう

　では、この章からは実際にレーザを使った加工について紹介します。まずはレーザ切断です。レーザ切断については、レーザ加工の中でももっとも古くからある加工の1つで、現在もなお、レーザ加工の代表格の加工方法です。すでにアマダやファナックをはじめとして、実際の産業機械を製造しているメーカーからもレーザ切断機は販売されており、もしかしたら読者のみなさんの会社や工場にも多機能なレーザ切断機があるかもしれません。

　ここでは多機能な部分はちょっと封印して、レーザ切断の基本的な部分から説明します。

4.1 レーザ切断の特徴

　レーザ切断の大きな特徴は、光を使った非接触の加工であるところです。つまり、鋸やドリルのように、切りたい材料と接触していないので、刃の磨滅のようなものを考えなくても良いです。
　そして、レーザ光をよく集光して当てるので、レーザを当てたごく狭い範囲だけが溶融して切断されます。そのため、切断幅が狭くてシャー

プな切断が可能です。同じように溶かして切る方法を採用しているプラズマ切断やガス切断（溶断）と比べても、切断するために必要な幅は小さいです。また、レーザを集光しているため、加工点は非常に高いエネルギー密度になっているため、切断速度を速く設定でき、作業の効率が良いことも特徴と言えます。

　それから、レーザ切断はレーザとアシストガスの力で切断材料を貫通（ピアッシング）してから切り始めるので、必要な所だけを必要な形状で切り落とす加工ができます。そして、前章まででもときどき登場したように、産業ロボット等にレーザ集光系を保持させて加工すると、3次元形状の複雑な切断等も容易です。ロボットを併用した3次元切断は、自動車のボディの加工などでもしばしば使われています。

4.2　レーザ切断時の基本的セッティング

　図4-1にレーザ切断をする際の典型的なセッティングの模式図を示します。

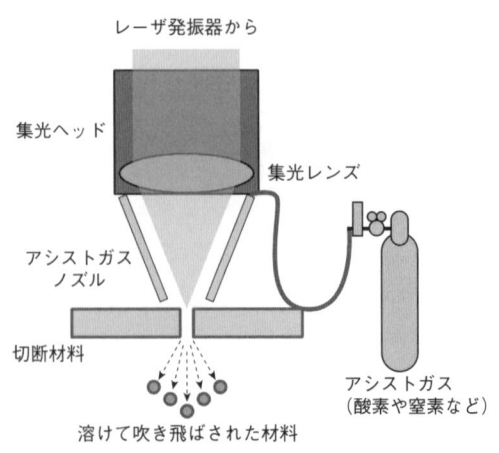

図4-1　レーザ切断のレイアウトの例

レーザを集光した状態で切断したい材料に当てるので、図のように切断材料表面に焦点を結ぶ形の照射が多いです。切る材料によっては焦点を材料内部に置くこともあります。

　そして、レーザが照射されている場所の直上1mmくらいの場所に円錐のように尖った形のアシストガスノズルがあります。ノズルの先端部には小さな穴が開いており、そこからレーザとアシストガスが噴射されます。このノズルは噴出口の直径が大き過ぎたり、噴出口が切断したい材料から離れ過ぎている場合は、良い働きをしませんので注意が必要です。参考図表として、図4-2に筆者が保有しているレーザの切断用ノズルの形状とレーザ切断時のセッティングの写真を示します。レーザ切断時のアシストガスは酸素を使うことが多いです。材料によっては酸素と反応するとか、切断面に酸化膜を生成させたくない等の理由から酸素以外のガスを（例えば窒素など）使うこともあります。

　そして、レーザが照射されている場所は、高いエネルギー密度のレーザを照射されているので、瞬時に溶解／蒸発が始まります。照射地点はレーザと同時にアシストガスが激しく噴射されていますので、このガスが溶けた材料を吹き飛ばし始めます。アシストガスが酸素の場合は溶けた材料との酸化反応がおきるので、その酸化熱で更に多くの金属を素早く溶かして吹き飛ばすことができます。

　この吹き飛ばした材料が切断したい板の裏側まで貫通した時、レーザで切断したい材料を貫通したことになります。この貫通した状態からレーザを移動させていくと移動した軌跡で材料が切断されます。

光ファイバー

集光系

レーザ切断の
ノズル部

全景

レーザ出口

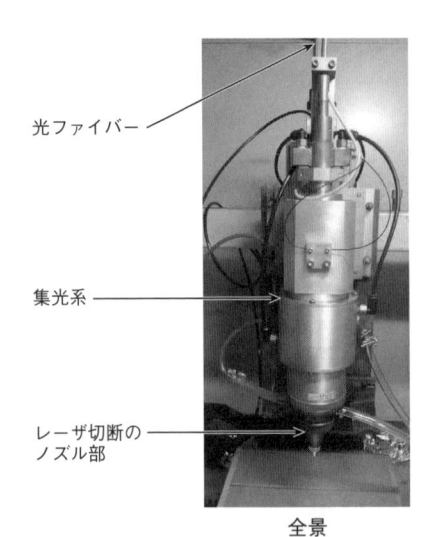

ノズル先端は
細く尖っている

ノズル部分のアップ

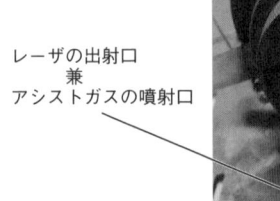

レーザの出射口
兼
アシストガスの噴射口

ノズルの先端部

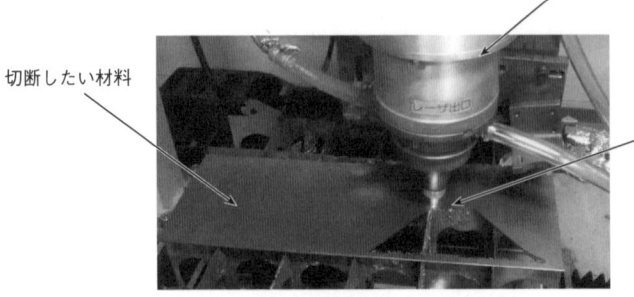

レーザ切断ヘッド

切断したい材料

ノズル先端は切
断したい材料の
数mm上の場合
が多い

レーザ切断のレイアウトの例

図4-2 レーザ切断用ノズルの例とレーザ切断時のセッティングの例

4.3　まずは穴を開けてみる（ピアッシング）

　まずはレーザ切断の前に、レーザを使って貫通穴を開けてみましょう。この貫通穴を開ける作業はレーザ切断をする上では避けて通れない技術です。

4.3.1　穴あけの原理

　レーザ切断用のノズルを取り付けたレーザの集光ヘッドを先ほどの図4-1のような状態に設置して、アシストガスを流しながらレーザの出力をかけます。そうすると、レーザが照射されている点では、次のような現象が起きます。

① 照射箇所の材料が溶ける
② 溶けた材料がアシストガスで吹きあがる
③ 吹きあがったせいで溶けていない材料が露出し、レーザで溶かされる
④ 溶けた材料がアシストガスで再び吹きあがる
⑤ 上記③〜④が繰り返されながら）材料の裏面まで溶かしきった時、溶けた材料は板の裏側に吹き飛ばされて貫通穴ができる

この過程を模式図的に書くと**図4-3**のようになります。

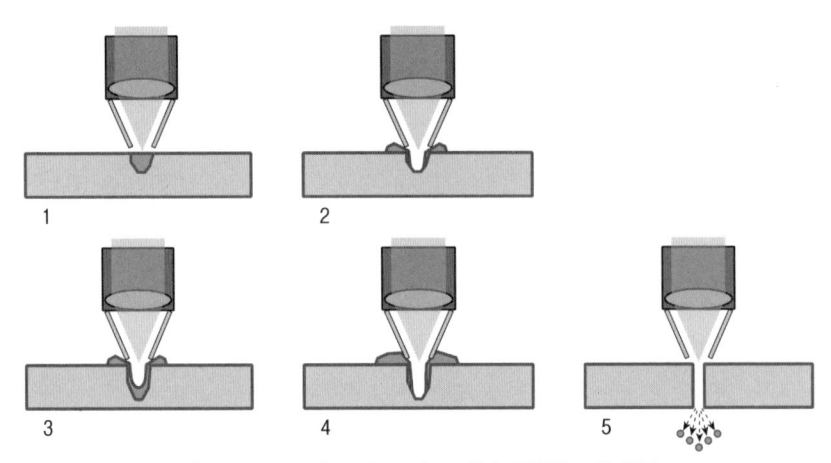

図 4-3　レーザでピアッシングする過程の模式図

　このように、レーザで材料を溶かし、溶けた材料をアシストガスが吹き飛ばすことでレーザを使った穴あけができます。穴をあけるための厚さが厚いものに加工する場合は、それだけたくさんの材料を溶かすためのエネルギーが要るので、それなりに高いレーザ出力で照射し、アシストガスも効率よく吹いて上手く溶けた材料を除去できるようにしないといけません。

　ここで、アシストガスについて溶けた材料を吹き飛ばす以外の大事な働きについてご紹介します。

　アシストガスとして良く使われるガスとして、まず、酸素が挙げられます。酸素ガスは助燃性のガスとして知られています。酸素ガスを使う場合は、溶けた金属を吹き飛ばす仕事以外に大事な仕事をしてくれます。

　例えば、鉄を酸素ガスでレーザ切断する場合、溶けた鉄と酸素ガスが直接触れ合います。その時、鉄の一部分が酸化鉄になります。この反応は発熱反応であり、下式のように多大な熱を出します。

$$Fe + 1/2\,O_2 \rightarrow FeO + 38\,kJ/cm^3 \text{ [1]}$$
$$Fe + 1/2\,O_2 \rightarrow 1/2\,Fe_2O_3 + 57\,kJ/cm^3 \text{ [1]}$$

$$Fe + 1/2\,O_2 \rightarrow 1/2\,Fe_2O_3 + 52\,kJ/cm^3 \quad [1]$$

　$1\,cm^3$の鉄を融点（1528℃）に上げるために必要な熱量は$7\,kJ/cm^3$程なので、この化学反応の熱を使うことで、効率よく鉄を溶かすことが可能です。そのため、酸素ガスをアシストガスに使ったレーザ切断では、金属の溶融をレーザ以外にもアシストガスも行っていることが特徴です。したがって、酸素ガスで切断する場合には、窒素ガスで切断する場合に比べてレーザの出力が小さく、比較的早く穴をあけることができます。

　ですが、酸素ガスを用いることの短所もあります。穴あけをした穴壁面には酸化鉄の膜が生成するので、酸化膜を嫌う部品を酸素で穴あけ加工する際には、酸化膜の除去などの後加工が発生します。また、アルミニウムやチタンのような活性な金属の穴あけや切断では、酸素ガスを使うことで必要以上に多くの部分が溶融して吹き飛ばされて、穴壁面がボロボロで穴の大きさも制御されていない状態になるので、良好な加工が非常に困難になります。そのため、「どんな材料に穴をあける場合も酸素ガスではない」ことに注意してください。

　次に、アシストガスが窒素のような活性でないガスを用いた場合のアシストガスの働きについて紹介します。活性でないガスの場合は、酸素ガスの場合のように発熱反応がないので、鉄を溶かす作業を手助けする能力はありません。そのため、溶けた材料を吹き飛ばすことだけがアシストガスの仕事になります。

　したがって、レーザの出力だけで材料を表から裏まで溶かさないといけないので、酸素ガスを使う場合に比べて、大きなレーザ出力で照射しないと貫通穴が加工できません。ですが、活性でないガスをアシストガスとして使用した場合、穴あけをした穴壁面に酸化被膜ができないというメリットがあります。つまり、活性でないアシストガスは、加工部分を酸化から守るというシールドガス的な働きもします。

4.3　まずは穴を開けてみる（ピアッシング）

4.3.2 穴あけ時の注意点

前項ではレーザで穴をあける原理を紹介しましたが、ここでは、レーザ穴あけの特徴として知っておきたい注意点について紹介します。ドリルで機械加工した穴は、**図 4-4** のように加工部上側も下側も同じ直径の穴が開きますが、レーザで穴をあける場合は、レーザの照射条件やガスの種類や流量によって程度は異なりますが、**図 4-5** のように加工部上側と下側で穴の直径が多少異なります。

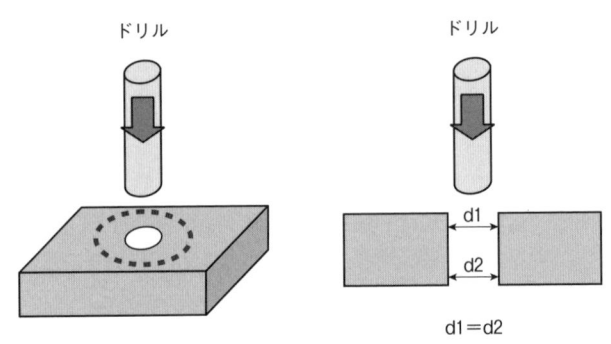

図 4-4　ドリル加工した穴の特徴の模式図

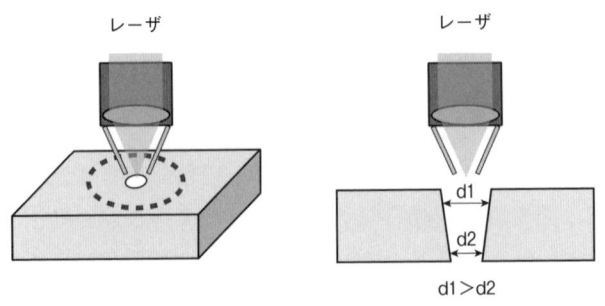

図 4-5　レーザで加工した穴の特徴の模式図

これはレーザを使った穴あけが「溶かして吹き飛ばす」と言う原理を使っているためで、加工部上部の方は直接レーザの照射を受けるため下部よりもたくさんの熱を吸収するので多く溶融し、吹き飛ばされるから

です。しかしながら、適切な照射条件で穴加工した場合は、限りなくドリル加工した場合に近い穴が加工できます。そのため、良好な穴加工をレーザで行うためには、穴をあけるために必要十分なレーザの出力や照射時間で穴あけをすることが大切になります。

　また、レーザを使った穴あけでは、溶融した材料を裏側に吹き飛ばす方法で穴を貫通させますが、そのために起きる独特の問題もあります。アシストガスの吹き飛ばしの能力が足りない場合、もしくは、照射条件の設定ミスで溶かした金属が多すぎる場合、板の裏側に溶けた金属の一部分がドロスとして残留し、バリ取りなどの後加工が必要になる場合があります。

　図4-6にドロスが残る過程の模式図とドロスの発生した実際の写真を示しますが、溶けた材料を吹き飛ばしきれずに残留したものがそのまま固まったものがドロスの正体です。ドロスも良好な照射条件で穴あけをした場合には発生しない、もしくは、発生が無視できる状態になるので、良好な穴加工をレーザで行うためには、穴をあけるために必要十分なレーザの出力や照射時間で穴あけをすることが大切になります。

4.3　まずは穴を開けてみる（ピアッシング）

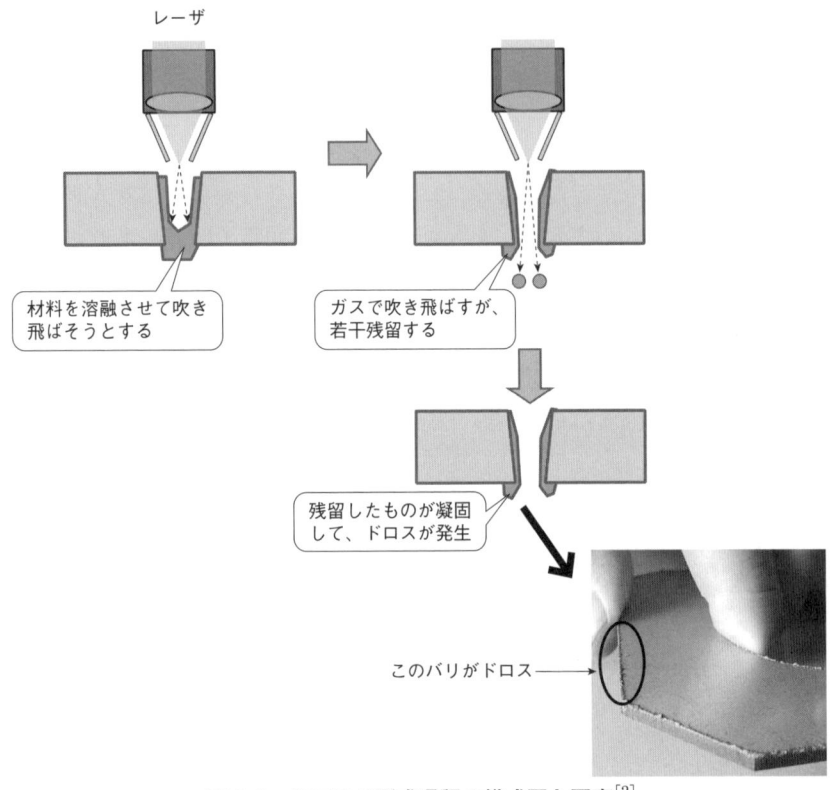

図 4-6 ドロスの形成過程の模式図と写真[2]

　他にも、レーザの照射が弱すぎる場合は、材料の裏まで貫通する穴あけができません。その時、問題になるのが溶かした材料が表面側に吹き上がるトラブルです。**図 4-7** に吹き上がりの過程の模式図を示します。

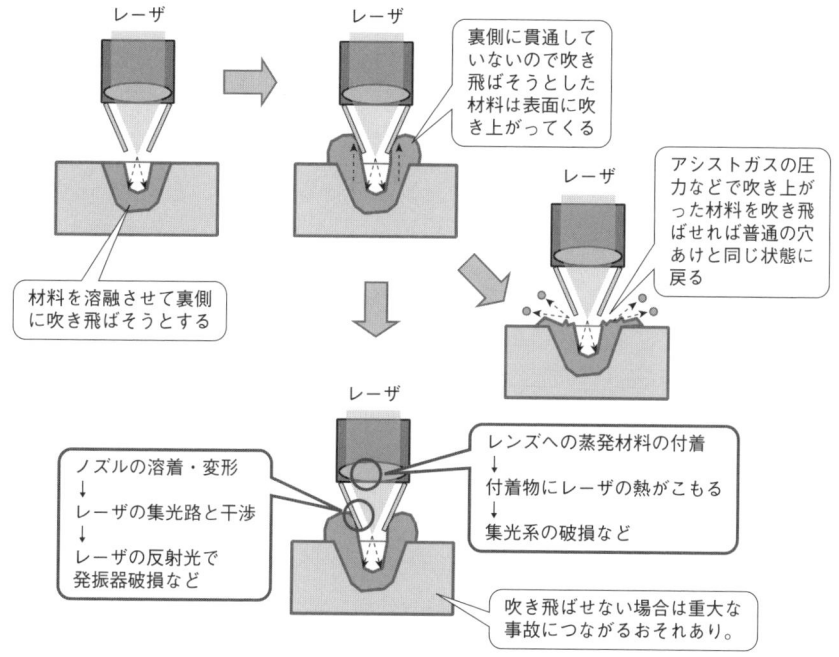

図4-7 吹き上がりの過程の模式図

　レーザを照射して材料が溶け、それをアシストガスが吹き飛ばそうと押し下げるのですが、材料の裏側まで溶けた部分が到達していないので、溶けた材料は上側に押し上げられます。

　ですが、レーザ切断はノズル先端と材料の間が数ミリしか空いていないので、この隙間が吹き上がった材料で封鎖されます。この吹き上がった材料が凝固する前に吹き飛ばせるだけの圧力がアシストガスにあれば良いのですが、十分に吹き飛ばせない場合は吹き上がったまま凝固して、ノズルを固着させたり、最悪の場合はノズルの溶融損壊や集光系の破損など切断機側にも重大な被害を与えることがあります。特に厚い材料を加工する際には吹き上がりによるトラブルが起き易いので気をつけたい現象です。

4.3　まずは穴を開けてみる（ピアッシング）

4.4　次に線を切ってみる

　前節のレーザの穴あけに続いて、レーザで線を切ることをこの節では紹介します。第2章でも紹介しましたが、レーザを使って切断する方法としては、「溶かして除去する」タイプや「蒸発させて除去する」タイプなど、いくつかのタイプがあります。それを図4-8にまとめてみました。

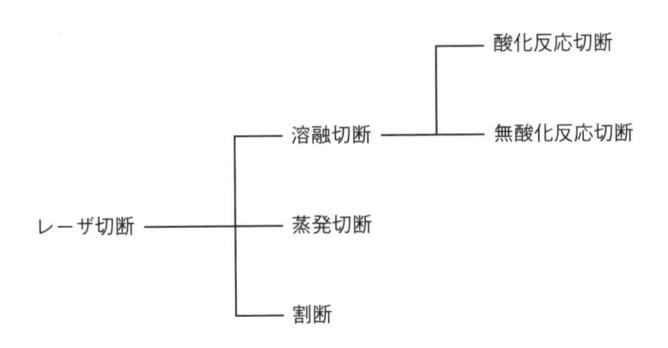

```
                              ┌── 酸化反応切断
                ┌── 溶融切断 ──┤
                │              └── 無酸化反応切断
レーザ切断 ─────┼── 蒸発切断
                │
                └── 割断
```

図4-8　レーザ切断の種類分け

　レーザ切断で最もよく使われているのが溶融切断に分類されるもので、レーザのエネルギーで材料を溶融させて溶けたものを吹き飛ばす方法です。溶融させる際には酸素ガスを用いて酸化熱を使うタイプと、酸化反応を使わずレーザのエネルギーだけで溶融させるタイプがあります。
　レーザの集光が良くエネルギー密度が非常に高い場合は、溶融過程を経ずに材料が蒸発して除去されることがあります。これをうまく使って材料を分断するのが蒸発切断に分類されます。
　割断は熱伝導が悪く脆い材料（例えばガラスなど）で用いられ、レーザを照射した際に引張や圧縮の応力によって発生するクラックを加工に応用したものです。

4.4.1 切断の原理

レーザ切断用のノズルを取り付けたレーザの集光ヘッドを先ほどの図4-1のような状態に設置して、アシストガスを流しながらレーザの出力をかけます。すると、図4-3のように穴あけが行われます。この穴の開いた状態の時に、レーザもアシストガスも止めずに、切りたい方向へ集光ヘッドを動かすと、**図4-9**に示すような形でヘッドを動かした方向へ穴を開け続けますので、動かした軌跡が切断線となって切断加工が進みます。このようにレーザとアシストガスの力で、常に材料を溶かして吹き飛ばし続けることがレーザ切断の原理です。

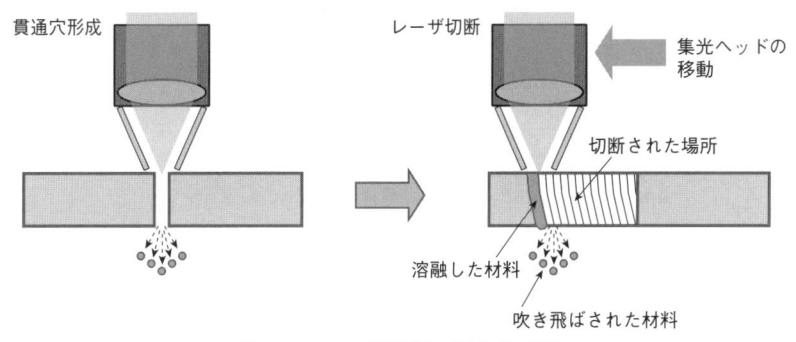

図4-9　レーザ切断の原理模式図

この図のように切断したい材料にピアスしてからヘッドを動かすことで、カッターナイフで欲しい所だけを切り取るような切断が可能です。もちろんハサミで切り取る時のように材料の辺からレーザが侵入して切り抜く方法もありますが、ピアスして切り始める方が多いようです。

この図から明らかなように、レーザ切断では材料を2つに切断（分断）する作業は、レーザの照射が行われていて、溶融している最先端の部分で行われています。この溶融している部分を特に切断フロントと言います。この部分でいかに上手く材料を溶融させ、除去するかが切断品質を左右します。

また、レーザが走り去って切断された面には粗さの違いがあっても**図**

4-10のような縞模様が必ず残っています。この縞模様はレーザ切断をした際に必ず見られるものです。上側の細かい縞模様を自然条痕と言い、下の粗い縞模様をドラグラインと言いますが、切断条件が適切でないと、この縞模様が粗くなることで切断面の粗さを悪化させ、切断の品質を下げる一因になります。

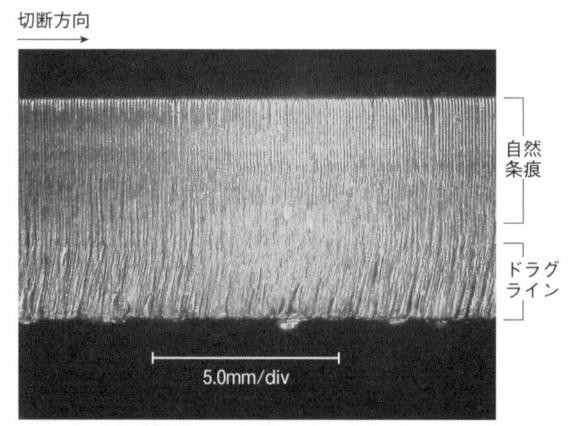

図4-10　レーザ切断した面に残る自然条痕とドラグラインの例[3]

切断フロントの形状はレーザの照射条件や切断速度など、レーザ切断の条件によって変化します。それに伴って、切断面に発生するドラグラインの形も変化してきます。

切断速度が遅い場合は図4-11のように切断フロントは比較的直立している感じに形成しますが、切断速度が速くなるにつれて、次第に傾斜／湾曲してきます。傾斜が激しくなると、吹き飛ばしきれない溶融物が残留するなど、加工後の問題になることがあります。

では、次の節で、切断条件の変化でレーザ切断の結果がどのように変化するのか紹介します。

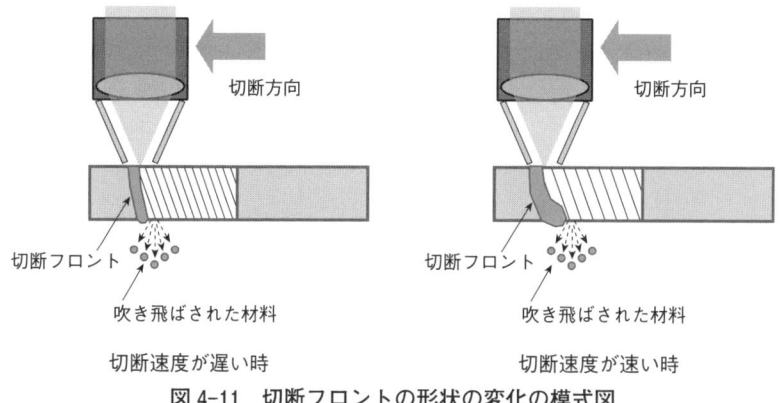

図 4-11　切断フロントの形状の変化の模式図

4.4.2　切断条件と切れ方の変化

レーザ切断では、「材料を溶融して吹き飛ばせば良い」ことを強調して書いてきましたが、溶かして吹き飛ばしさえできていれば、いつも同じ切れ方をすると言うわけではありません。切断条件によって切った部分の品質は大きく異なり、良好な切断ができる条件を設定できるかどうかは、レーザ切断技師の「腕の見せ所」でもあります。ここでは、切断条件と切れ方の変化について一般的な傾向を紹介します。

まず、図 4-12 を見てください。この図は日本国内でも代表的なレーザ加工のジョブショップである(株)レーザックスのHP[4]に紹介されていた切断特性のデータの一例です。このデータはレーザ出力 900W、酸素ガスの圧力 1.5kg/cm^2、集光レンズの焦点距離が 127mm で固定して軟鋼（SS410）を切断した時のデータです。まず図のグラフの右の 5 枚の写真を見てください。これらはグラフの①～⑤で示されている切断条件で切った時の代表的な断面です。

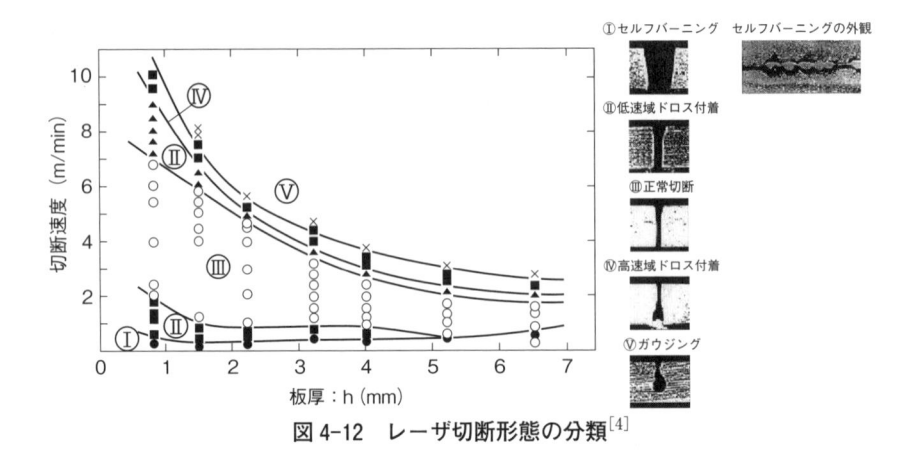

図4-12 レーザ切断形態の分類[4]

Ⅰの切れ方はセルフバーニングと言い、切断不良です。これは、切断速度が非常に遅いため、多大な熱によって発生した大量の溶融したドロスが残留し、レーザが通過した後も酸化反応が制御できないために大きく溶けてしまった例です。ⅡはⅠよりも切断速度が速くなっていますが、切断した板の裏側にドロスの付着が見られます。これも切断不良です。

ⅢはⅡよりも切断速度が速くなっています。ですが、切断幅は最小で、ほぼ垂直に切れていて、ドロスの付着も見られません。この切断は良好な切断です。適切な切断条件を設定したことによって、ここまでに説明した材料を溶融して除去する行程が良好に行われた時に見られる結果です。切断条件を出す場合はこのような切断になるようにすることが必要です。

ⅣはⅢよりも切断速度が速くなっています。ですが、Ⅱの時に見られたようなドロスの生成が復活しています。こちらはドロスを吹き飛ばす前にドロスの温度が下がって粘性が増加し、残留してしまった例で、切断不良になります。ⅤはⅣよりもさらに切断速度が速くなっていますが、これは板の裏側まで切断ができておらず、いわゆる「溝彫り」状態です。これをガウジングと言います。これは切断できていないので、切断不良になります。

このように、切断条件が少し違うだけで切断結果が大きく変化するので、Ⅲのような良好な切断になるように切断条件の調整には特に注意が必要です。また、この図からわかるように、レーザ切断では、切断パラメータの調整は「大きすぎず、小さすぎず」が基本になります。最良点を通り過ぎると切断の品質が悪化し始めるので、この傾向を覚えておくとよいと思います。そして板の厚さが厚くなるほど良好に切断できるⅢの領域が狭くなっています。つまり、厚板になるほど切断条件の調整がシビアになるということなので、そのような特徴もあわせて覚えておくとよいでしょう。

4.4.3 切断の欠陥と対処

レーザ切断で発生する欠陥でよく見かけるものには、図 4-13 のようなものがあります。

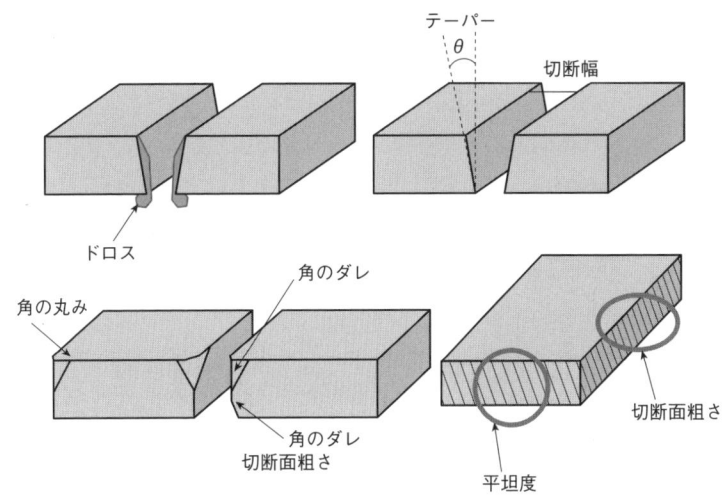

図 4-13 レーザ切断の品質を左右する欠陥の模式図

切断面に発生するドロスは非常に目立つ問題なので、すぐに気が付くと思います。これは切断条件がまだ十分調整されていない状態である証拠でもあるので、ドロスが少なくなるように切断条件を調整しましょ

う。もしドロスが残る条件で切断した場合は、切断の外見が悪いだけでなく、次の加工の前にドロスの除去をする後加工が発生し、時間や手数を浪費する結果になります。

　また、切断条件が十分調整されていない場合、角が丸くなったりダレたりします。これも程度によっては目立つ欠陥で、一般に角に熱がこもった場合に見られます。切断条件の調整や切断線を工夫して改善することができます。また、穴あけの節でも紹介しましたが、レーザ切断でもテーパーが付くことがあります。もし切断した部品がテーパーを許されないのならば、図 4-14 のようにテーパーの角度分だけビームを傾斜して直角を出して切断することもあります。

　一方、切断幅はドロスのように欠陥ではありませんが、広すぎる切断幅は良い切断とはいえません。切断条件を調整することで、これを極力狭くなるようにできれば材料を無駄にすることがなくなります。また、切断幅と同様に切断条件の調整で良好な結果になる項目があります。それは、切断面の粗さや切断面の平坦度です。これらも切断条件が調整されればされるほど良好な加工になります。

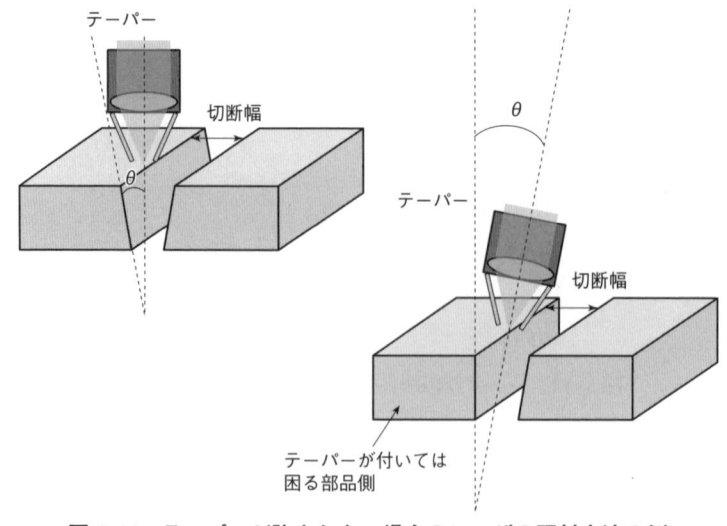

図 4-14　テーパーが許されない場合のレーザの照射方法の例

4.5 そして形状を切ってみよう

　ここでは、1枚の板からたくさんの切断を行う場合とか、複雑な形状を切断する場合などの時に気をつけると良いことを紹介します。

4.5.1 部品はどこか、切り捨てる所はどこか？

　まずは、図4-15のような爆発マークを1枚の板から切断して切り取る場合を考えます。図によると、板の真ん中に爆発マークがあるので、板のどこかにピアスして切断しないといけません。つまり、切断スタートの場所を作らないといけません。ピアスする場所は外観上きれいなものではないので、ピアスする場所は今から切り取りたい部品でない側にピアスする必要があります。もし、爆発マークの形に切り取られた枠（枠側が欲しい場合）が欲しいならば、図中のA点のような切り捨てる所にピアスします。もし、爆発マークが欲しい（マーク側が欲しい場合）ならば、図中のB点のような所にピアスして切り始めることが大切です。

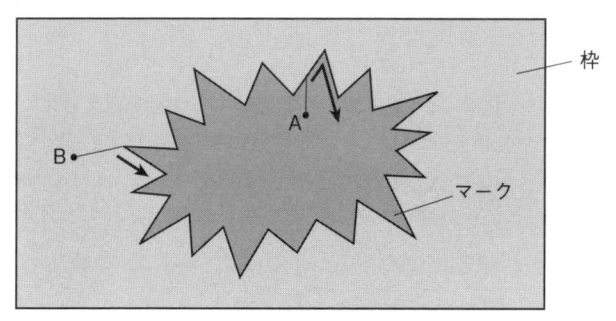

図4-15　部品を切り取る例題

　とにかく、部品を切り取る場合は、部品側から切り始めることのないように、「部品は何で、どこが部品でないか？」をよく把握して切断することが必要です。

4.5.2 熱に注意

引き続き図 4-15 の爆発マークの切断を考えてみます。非常に複雑な形状をしています。場所によっては、**図 4-16** のように鋭角でカーブする箇所がたくさんあります。しかし、このような鋭角カーブの場合、熱がこもって角が溶損する場合があることを紹介しました。つまり、複雑な形状を切る場合には、その方法で入熱が過大にならないか、よく考えないといけません。

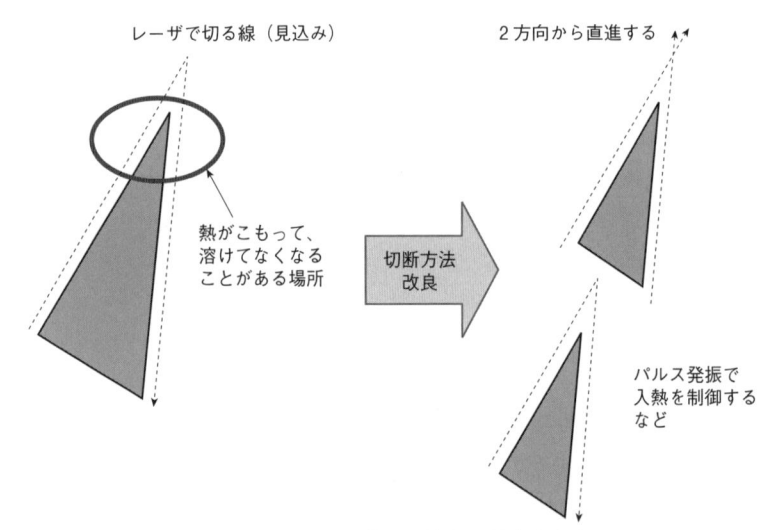

図 4-16　鋭角カーブを切断する場合を考える

4.5.3 多数個取りするときの注意

さらに、図 4-15 の爆発マークを切ることを考えてみます。4.5.2 節までの工夫で 1 個の爆発マークを切ることはできていると思いますが、今度は、非常に大きな板からこの爆発マークを**図 4-17** のようにたくさん取る場合を考えます。

端から順に爆発マークを切り抜いて行くというのは 1 つの方法ではありますが、これは得策ではありません。端から順に切って行く場合は、

切断の済んですぐの場所はたくさんの熱が入った直後の状態の部分になります。ここの隣をすぐ切断することで、たくさんの熱の入った場所が偏って存在していくことになります。これが繰り返されると、熱によって爆発マーク状の穴のあいた板や、切り抜いた爆発マークの部品自身が熱変形することがあります。変形の程度にもよりますが、変形したことで部品として使えなくなる場合もあるので、このような予期せぬ変形には、注意をすべきです。

そこで、図4-18のように切断順をランダムにして、局部的に熱が入ったために局部が変形しないように工夫をすることがあります。これをネスティングと言います。多数個取りをレーザ切断で行う場合にはよく用いられる方法ですので、記憶しておくと役に立つと思います。

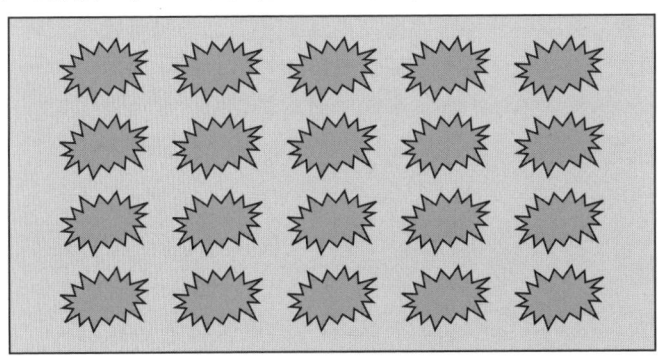

図4-17　1枚の板から多数の複雑形状を取ることを考える

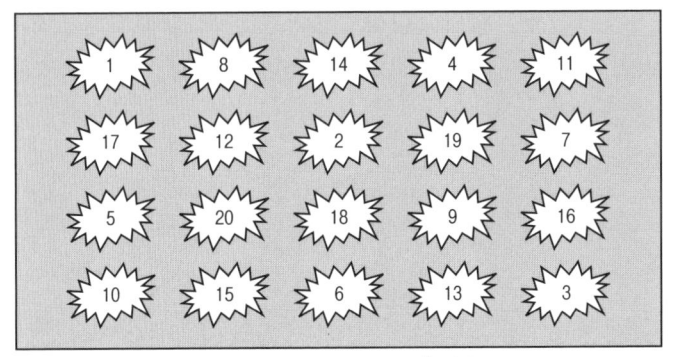

図4-18　ネスティングの例

4.5　そして形状を切ってみよう

4.6 レーザ切断の実例

　レーザ切断機は多くのメーカーから販売されているので、レーザ切断は産業的にも知名度の高い加工の一つで、実際の産業でも多くの場面に適用されています。ここでは実際のレーザ切断についていくつか紹介します。

4.6.1　板材の切り分け／部品の切り取り

　大きな鉄板から必要なサイズの鉄板を切り取って製品の加工を開始するなどの時にもレーザ切断は用いられます。この場合は、レーザ切断で最終形状を出すことよりも、比較的単純な形状を切り分けることが目的であることが多いです。そのため、四角や丸のような単純な形状に切ることが多いようです。

　レーザ切断の切断速度は非常に高速ですが、非常にたくさんの枚数の切り分けや切り取りの場合は、レーザ切断よりも金型を作ってプレスやパンチで加工する方が速いです。しかし、「試作で小ロット必要」とか、「複数のパターンの切断で少しずつ」のような場合は、いちいち金型を作っては交換するわけにはいかないので、レーザ切断で切った方が便利で速いです。**図4-19**に加工中のレーザ切断機の例と切断された部品の例を示しますが、意外と複雑な形状も容易に切断できます。このタイプの切断はここまで紹介してきたレーザ切断方法とほとんど同じ方式で切断されています。

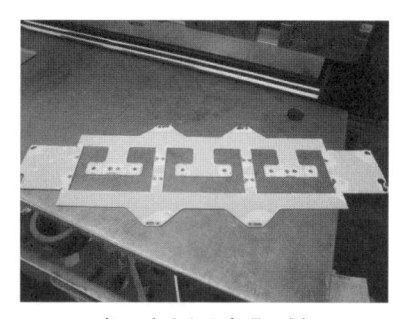

部品を切り出す加工例　　　　　　　切り出された部品の例

図4-19　レーザ切断を使った切り出しの例[5]

4.6.2　3次元的な切り取り

こちらも部品の切り取りになるのですが、レーザの集光系をロボットに持たせることができれば、ロボットが3次元的な立体の表面に倣って動くことができるので、複雑な曲面にレーザ切断を施すことも可能になります。具体的に言うと自動車のアンテナ用の穴をボディに開けるなどの加工がこれにあたります。複雑な形状の切断の場合は、レーザ切断が最後の方の加工であることが少なくありません。そのため、レーザ切断のミスを後加工で修正するということが困難です。したがって、部品の切り分けの場合のように「切れていれば良い」という切断はNGの事があります。図4-20に複雑な形状のパイプに3次元加工でレーザ切断している例を示します。

図4-20　複雑な形状のパイプのレーザ切断[6]

4.6　レーザ切断の実例

4.6.3 密閉した物体の切断

これは3次元加工にも分類できますが、細いパイプのように切断したい表面板のすぐ裏に切断してはいけない裏面板がある場合の切断です。例えば、図4-21のような切り欠きを加工する場合を考えましょう。

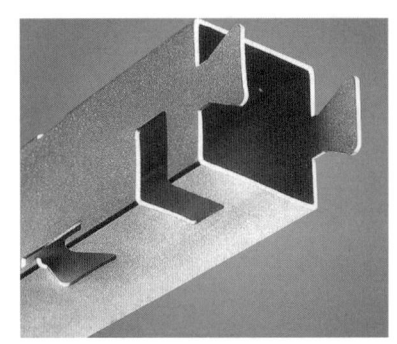

図4-21　角パイプにレーザ切断で施した切り欠きの例[7]

レーザ切断ではパイプの表面側からレーザを当てて切断しますが、そのままではパイプの内側に切断時に吹き飛ばした溶融金属が貼り付きます。また、レーザの出力が強い場合は溶融金属が貼り付いた裏側のパイプも溶かしたり切断する恐れもあります。そのため、これらの不具合が起きないようにパイプの中に貫通したレーザや吹き飛ばした溶融金属を受けるダンパーになる材料を入れたり裏に影響の出ないための特殊な工夫を施すことが必要なようです。

そして、最近では、血管を拡張する際に用いるステントもレーザ切断で作成できるようです。非常に細いパイプからレーザ切断のみで作成するので、例題にした角パイプの切り欠きの究極版とも言えると思います。図4-22にその例を示します。

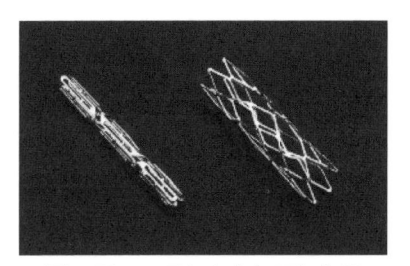

図 4-22　ステントを加工した例

4.7　レーザ切断のデータベース

　レーザ切断に関する加工技術のデータベースがインターネットで公開されているので、それを紹介します。その名前を「加工技術データベース」といいます。筆者もこのデータベースの開発に関わったのですが、このデータベースは、ものづくりをしている日本の企業（特に中小企業）に役立つであろう 15 の加工の加工条件や加工事例のデータを集積したデータベースで、無料で公開されています（15 の加工の内訳は、鋳造、鍛造、金属プレス、射出成形、切削、研削、研磨、放電加工、レーザ切断、レーザ溶接、アーク溶接、熱処理、めっき、溶射、PVD/CVD）。

　インターネットで http://www.monozukuri.org/db-dmrc/index.html にアクセスすると、図 4-23 のようなページが現れると思います。ここがデータベースの入口になります。ページの左上に「ログイン」とか「利用申込」と言う項目がありますが、これは、データベースを日本の企業に役立てるために申込書で申込者の日本在住を確認しており、確認できれば無料でログインするパスワードを発行しているので、関心のある方は是非申し込んで利用していただきたいと思います。

図 4-23　加工技術データベースのトップページ

　さて、この節の本題であるレーザ切断のデータベースですが、ログイン後に画面に現れるレーザ切断のアイコンをクリックすると、図 4-24 のようなページが現れます。レーザ切断は本書でも紹介してきたようにレーザ自身が歴史が浅く、よく知られていない部分も多いので基礎的なデータに重点をおいて集めていますが、レーザ切断の条件出しのためのフローチャートや各種材料の切断データなど、レーザ切断初級〜中級者には参考になると思われるデータも多数有ります。レーザ切断でちょっと悩んだ時などに字引代わりで見てもらえるときっと役に立つと思います。

図 4-24　レーザ切断データベースのトップページ

4.7　レーザ切断のデータベース

4.8　ちょっと進んだ穴あけや切断

　ここでは、溶融して切断するタイプでないレーザを使った切断や除去加工について紹介します。フェムト秒レーザやエキシマレーザ、非常によく集光できるレーザを用いた場合、レーザを照射した部分を瞬間的に蒸発させて切断することができます。この方法で切断した場合、熱的な加工をしないので、切断部分に熱影響部などを発生しません。例えば、フェムト秒レーザでシリコンを切断した例を図 4-25 に示します。このように非常にシャープに切断されています。また、この特徴を生かして箔や極薄板などの精密な切断などに使われることもあります。

フェムト秒レーザの加工例（Siウェハー）

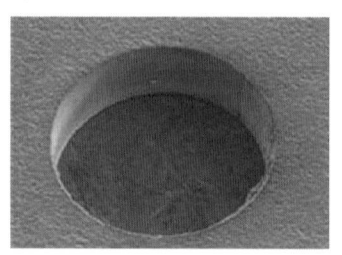

W50μm/t0.2mm　　　　　φ500μm/t0.2mm
図 4-25　フェムト秒レーザを用いたシリコンの切断と穴あけの例[8]

　一方、最近は電子機器の高密度化／高性能化に伴い、電子回路が多層化しています。これを支える技術として、ある層からある層までの部分的な貫通穴を開ける必要があります。これを加工するためにレーザを使うことがあります。このような穴をブラインドビアホールと言いますが、レーザの照射で照射箇所に部分的な穴を加工します。加工のイメージと加工例を図 4-26 に示します。

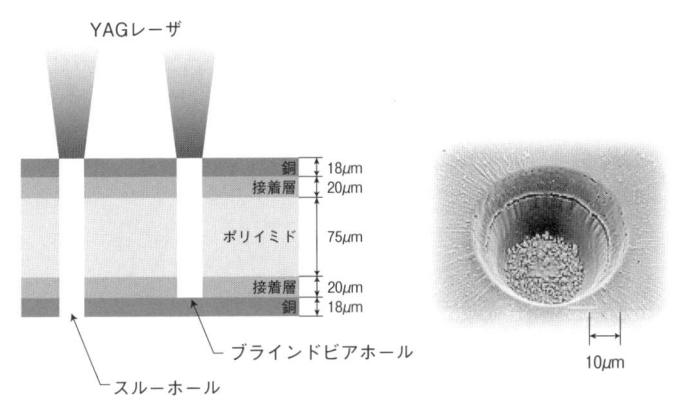

図4-26 ブラインドビアホールの加工イメージと加工例[9]

また、穴だけでなく、溝堀りなどにレーザが応用されることもあります。レーザの場合、レーザの波長まで絞ることができ、そのスケールでの加工が可能なので、機械加工の追随を許さない所があります。そのため、レーザは微細な加工にも使えるのではないかと注目されています。微細な溝堀りの例を図4-27に示します。

図4-27 微細な溝をレーザで加工した例[10]

さらに、パソコンのICチップなどにいろんな刻印が白く彫られているかと思いますが、これらの中にはレーザでマーキングしたものもあります。レーザマーキングの例を図4-28に示します。

4.8 ちょっと進んだ穴あけや切断

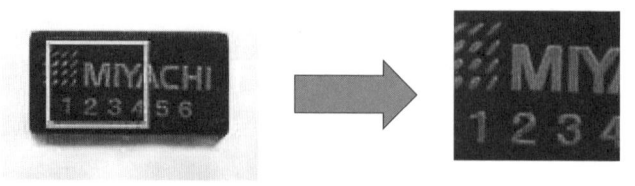

図 4-28　レーザマーキングの例[11]

　このように、レーザを使った除去加工は意外と身近なものにまで応用されています。

■参考文献

[１] レーザ切断加工；アマダレーザー加工研究会編；新井武二、沓名宗春、宮本勇共著；マシニスト出版；1994.3.31 初版；p.3
[２] 株式会社ナガラ；http://www.kk-nagara.co.jp/l2530/p-p01/index.php
[３] 加工技術データベース　（独）産業技術総合研究所；http://www.monozukuri.org/db-dmrc/index.html
[４] 株式会社レーザックス；http://www.laserx.co.jp/technology/qa/part6.html
[５] 有限会社小寺鈑金工業；http://lkakou.com/laser_works/post_10.html
[６] 前田工業株式会社；http://www.maeda-kogyo.co.jp/pc/free04.html
[７] 株式会社エステーリンク；http://www.st-link.co.jp/product06.html
[８] Laser Agency；http://www.laser-ac.com/basic/03_08.php
[９] オムロンレーザーフロント株式会社；http://www.laserfront.jp/learning/oyo16.html
[10] 東成エレクトロビーム株式会社；http://www.tosei.co.jp/technology/case_05.html
[11] ミヤチテクノス株式会社；http://www.fa-mart.co.jp/miyachi/10.html

5章 レーザ溶接をしてみよう

　この章では、産業界ではレーザ切断の次に用いられているレーザ溶接について説明します。

5.1　レーザ溶接の特徴

　溶接といえばアーク溶接が代表格ですが、レーザ溶接と呼ばれて区別されるのは、熱源がアークかレーザかという違い以外にもいくつか特徴があるからです。ここでは、そのレーザ溶接の特徴について紹介します。

　まず、熱源がレーザ光なので、レンズを使うことでよく絞ることができます。このため、小さい面積に高いエネルギーを加えることができます。つまり、**エネルギー密度の高い加工**であることが1つ目の特徴です。

　次に、エネルギー密度が高いということは、照射されたところだけが大量に巨大なエネルギーを受けることになります。そのため、照射された地点にキーホールと呼ばれる深い穴が形成し、そのために非常に深い所まで溶接できます。図5-1にレーザ溶接した時のビード断面の例を示

しますが、**溶接幅に対して溶込み深さの方が大きい溶接を1パスでする**ことができます。なお、アーク溶接ではレーザ溶接ほど溶込み深さが出ないので、何パスも重ねて溶接することが必要です。

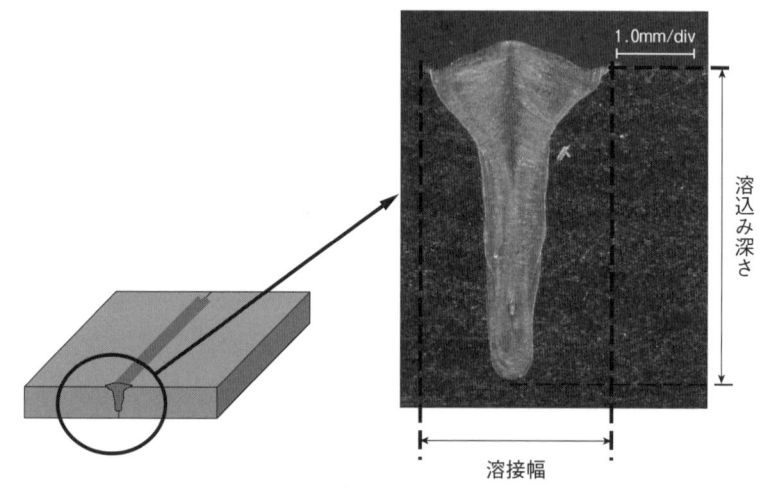

図5-1　レーザ溶接したビードの断面写真の例

　そして、**表5-1**はレーザ溶接とプラズマ溶接で6mm厚さのステンレス鋼を1パスで貫通溶接させた結果を比較している表ですが、プラズマ溶接の結果に比べて溶接ビード幅が大幅に狭く、**溶接速度が大幅に速い**ことがわかります。このようにレーザ溶接では従来の溶接法に比べて溶接速度が速いことも特徴と言えます。

　それから、レーザ溶接は集光して材料に照射することで溶接を行うため、ドリル加工のように接触しながら加工を進めることはありません。つまり、**レーザ溶接は非接触加工である**という特徴があります。非接触なので、接触加工に比べて消耗する箇所が少ないという特徴もあります。

　また、レーザ溶接で用いるレーザ光は非常に高いエネルギーを持つクラスのレーザが使われています。たいていの場合はクラス4の最も危険とされているレーザが使われており、このクラスのレーザは、直射光は

表5-1 レーザ溶接とプラズマ溶接の比較

	レーザ溶接	プラズマ溶接
材料	SUS304（6 mm^t）、I型突合せ継手	
レーザ出力	4 kW	—
アーク電流	—	180 A
アーク電圧	—	30 V
ワイヤと送給速度	—	—
溶接速度	110 cm/min	20 cm/min
シールドガスと流量	Ar, 20 l/min	Ar（15 l/min）＋H$_2$（0.5 l/min）
ビードの断面写真		
溶込み深さと形状	6 mm（貫通）、楔形	6 mm（貫通）、ワインカップ形
アスペクト比（溶込深さ／ビード幅）	2.0	0.83

もちろんのこと、反射光でも失明するエネルギーを持っています。そのため、図5-2に示すように十分な防護を施した区域でロボットによる自動加工をされていることがほとんどです。一部では図5-3に示すような手動レーザ溶接システム[1]もありますが、手動装置は稀ですし、作業時には作業者自身は保護眼鏡をかけ、周囲への光の散乱防止など厳重な環

境で作業しています。このように、**レーザ溶接では自動機による加工が多い**こともレーザ溶接の特徴と言えます。

ここまではレーザ溶接の特徴というよりもレーザ溶接の長所が多い記載でしたが、もちろんレーザ溶接の短所も多数あります。それについてはおいおい紹介します。

では、レーザ溶接の基本的なセッティングや材料にレーザを照射したときの現象などを紹介します。

加工場所周辺はレーザ光による事故を防ぐために、レーザ管理区域として人の立入が厳しく制限されている

図 5-2　自動加工によるレーザ溶接機の一例[2]

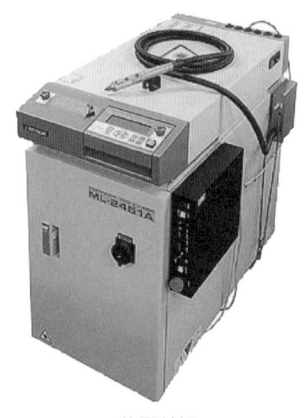

装置外観

加工中の様子

図 5-3　手動レーザ溶接装置の一例[1]

5.2　レーザ溶接時の基本的セッティング

　レーザ溶接では、レーザ切断と同じくレーザ光をよく集光した状態で溶接したい材料に照射することが普通です。レーザが照射された場所の周辺は集光されたレーザのエネルギーによって溶融します。溶融した材料は化学的に活性で大気中の酸素と反応して酸化することが多く、溶接部の性能を劣化させる原因になることが多いので、このような酸化を防ぐために溶融した部分をシールドするためにシールドガスと呼ばれる不活性ガス（Ar や He が一般的）を流すことが一般的です。それらを模式図にしたものを図 5-4 に示します。

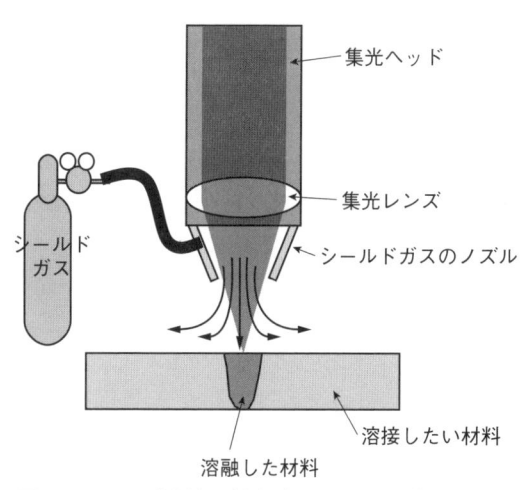

図 5-4　レーザ溶接の基本的セッティングの模式図

　なお、シールドガスはレーザ切断の場合とは違い、溶融した部分を吹き飛ばすのが目的ではなく、溶融した部分が凝固するまでの間大気に触れないようにするのが目的なので、図 5-5 のようにレーザの集光と同軸でガスを流す場合にはノズルの直径が大きいタイプで、溶接材料の上空 1 cm くらいの所から緩やかな流れで吹くことが多いです。また、同軸

で吹くシールドガスのセッティングをせずに、図5-5のように脇から別のノズルでシールドガスをセッティングする場合もあります。参考までに紹介します。こちらの場合も溶融した部分の保護が目的なので、ノズルの直径が大きいタイプで溶接材料の上空1cmくらいの所から緩やかな流れで吹くことが多いです。

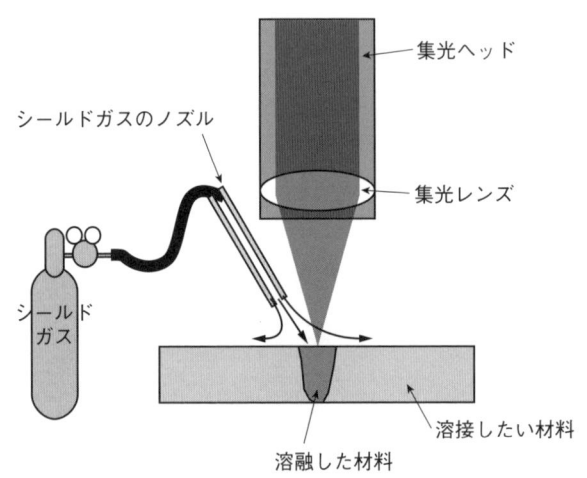

図5-5　脇からシールドガスノズルを入れるセッティングの模式図

　続いて、レーザを材料に対して入射させる角度ですが、図5-4や図5-5のように垂直に入射させることが多いです。これは、垂直に当てた時が最も照射される箇所の面積が小さくなるので、照射されるパワー密度が高くなるため、レーザ溶接の特徴を最大限に生かすことができます。ただし、垂直照射はそのようなメリットがある反面、発振器から照射されたレーザがダイレクトに発振器内へ反射する可能性の高い状態でもあります。

　そのため、使用するレーザの波長に対して反射率の高い材料を溶接する場合には、垂直入射をすると、レーザ光がほとんど全て発振器側に反射してしまい、発振器や集光系などを破損することがありますので、**図5-6**のように集光角度分だけレーザを傾けることが必要な場合もあります。傾けることで垂直入射の場合に比べてレーザが照射されている部分

の面積は広くなり、その結果として照射箇所のパワー密度は減少します。したがって、垂直入射の場合に比べて溶接の性能は若干下がりますが、その分反射光によるリスクは軽減されます。このように溶接したい材料や、 に応じてレーザの照射する角度を判断する必要があります。

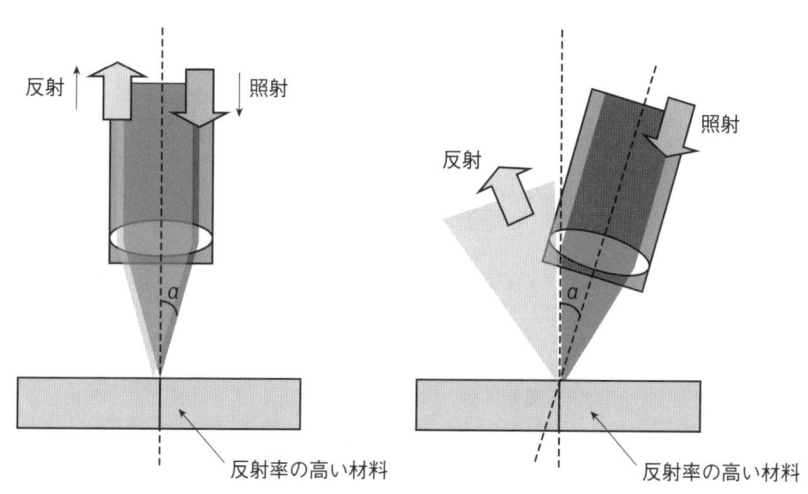

垂直入射の場合は、集光して来た経路を通って発振器に反射光が入ることがある

このように傾けた場合は、全反射が起きても発振器に反射光が入ることはなくなる

図 5-6　レーザの照射と反射の模式図

　また、材料に照射する際にちょうど集光されている状態で照射するのか、それとも多少集光されていない状態で照射するのかを調整する場合もあります。これは焦点位置の調整で、**図 5-7** にあるように、材料の表面に焦点があるのか、材料の内部に焦点があるのか、材料の上空に焦点があるのかを調整する場合があります。焦点の位置は最もレーザのエネルギーが集中している場所なので溶接結果に影響を及ぼすことがあります。

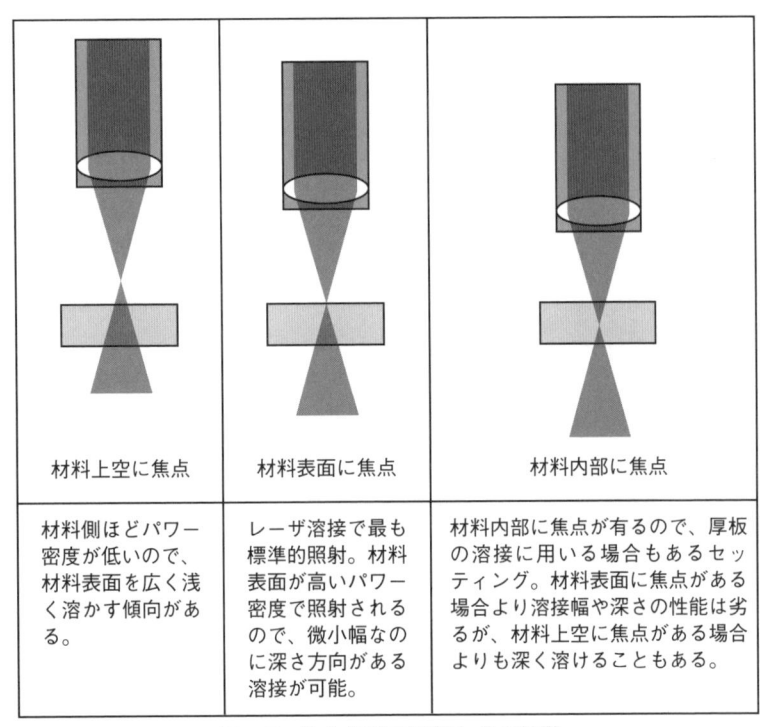

材料上空に焦点	材料表面に焦点	材料内部に焦点
材料側ほどパワー密度が低いので、材料表面を広く浅く溶かす傾向がある。	レーザ溶接で最も標準的照射。材料表面が高いパワー密度で照射されるので、微小幅なのに深さ方向がある溶接が可能。	材料内部に焦点が有るので、厚板の溶接に用いる場合もあるセッティング。材料表面に焦点がある場合より溶接幅や深さの性能は劣るが、材料上空に焦点がある場合よりも深く溶けることもある。

図5-7 焦点位置の調整とその特徴

　では、次の節で材料にレーザを照射した場合の現象を説明します。

5.3 まずは材料にレーザを照射してみる

レーザ溶接では、レーザを材料に集光して当てることで、照射された部分にレーザのエネルギーが与えられ、瞬間的に加熱されます。このレーザのあたった部分で何が起きるのかを紹介します。

5.3.1 キーホールって何だろう？

レーザ溶接の場合、レーザを集光して照射するので、特定の場所を絶大なエネルギー密度で照射することになります。そのため、照射された部分は非常に深く溶けます。これは、レーザが照射された部分にキーホールと呼ばれる穴が形成されるためと言われています。実は、このキーホールの形成はレーザ溶接で最も特徴的な狭いビード幅なのに釘のように深く溶ける現象の肝になる部分です。

よく集光されたエネルギー密度が高いレーザが照射されている部分は、その高いエネルギー密度によって、瞬時に溶融して蒸発を始めます。すると、溶融した部分を蒸発する蒸気圧で押しのけるような状態になります。押しのけられた場所には引き続きレーザが照射されているので、その部分がさらに瞬時に溶融・蒸発し始めます。これを繰り返すことで、レーザ照射部分にレーザによって材料が蒸発してできた深い穴が形成されます。この深い穴をキーホールと呼びます。図5-8にキーホールの形成過程を模した模式図を示します。

図5-8に示したように、キーホールはレーザの照射によっておきる激しい蒸発で形成される穴ですが、穴が深くなればなるほど、レーザの照射で蒸発する圧力が弱くなってきてそれに伴って溶融した金属をおしのける力も弱まります。一方、穴が深くなればなるほど溶融して液体になった材料の量が多くなってきます。キーホールは言ってみれば液体の中に激しい蒸発の圧力だけで作った細くて深い穴と同じです。液体の中にできた細くて深い穴なので、当然のことながら液体の表面張力によって

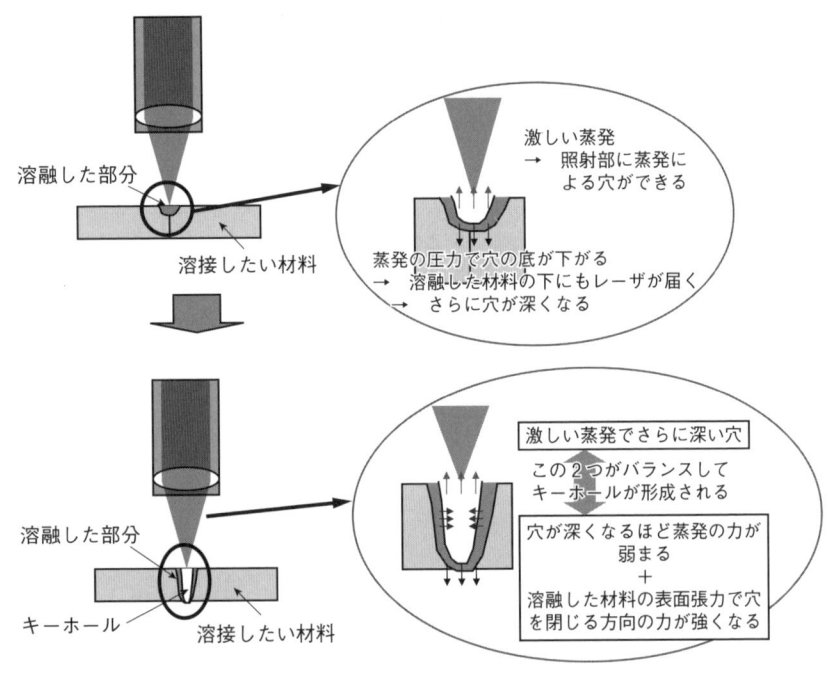

図 5-8 キーホールの形成過程を模した模式図

その穴を閉じる力が働きます。弱くなった蒸気圧と表面張力が釣り合った時、キーホールの深さが決まります。このキーホールの深さは、レーザ溶接時の溶込み深さとほぼ同じです（厳密にレーザ溶接時の溶込み深さは、キーホールの先端部に若干の溶融した材料の層があるので、その層の厚さをキーホールの深さに加えた深さになります）。

当然のことながらレーザの出力が大きくなると蒸発の圧力が高くなるので、より深いキーホールが形成されます。また、同じレーザ出力で照射しても、集光したビーム径が2倍違うとエネルギー密度が4倍違ってくるのでキーホールの形成される大きさは変化します。そのため、自分の使うレーザ溶接機がどのくらいの出力でどのくらいのキーホールができるかのような特性は、基本データとして把握しておいた方が普段の仕事に役立つと思われます。

このように高いエネルギー密度のレーザを照射することで照射箇所に

激しい蒸発を起こし、キーホールと呼ばれる深い穴を形成しながら溶接するために、レーザ溶接では釘のような溶接幅に対して溶接深さの深い溶接になることを紹介しました。

5.3.2 レーザ溶接時の注意点

レーザ溶接時の注意事項として、数点紹介します。

まず、レーザ溶接用のレーザ光源は非常に出力が高く、直射光はもちろんのこと、反射光でも目に入射すれば失明する危険な「クラス4」と呼ばれるレーザが使われています。そのため、反射光や直射光を見られないような十分な遮蔽が必要です。また、溶接用レーザはCO_2やYAG、半導体やファイバーレーザなど多くのレーザが使われますが、多くは波長が赤外線の不可視光レーザです。そのため、どの部分をどのようにレーザが飛翔しているかを目視で確認することはできません。このようなことからもレーザ溶接が十分に遮蔽されている環境ですることが必要なのはよく理解してもらえると思います。できれば、遮蔽の中でロボット等による自動加工になっていることが望ましいです。

もし、何かのトラブルで遮蔽の中にチェックで入室する必要がある場合は、レーザが発射されない状態にしてから入室し、保護眼鏡の着用など安全には十分注意することが必要です。なお、近年ミヤチテクノスなどで手動でレーザ溶接ができるペン型のレーザトーチが市販されていますが、このような手動でレーザ溶接する際には自動でレーザ溶接する場合よりも厳重にレーザ光によるトラブルを防ぐように注意する必要があります。

詳しくは第8章を参照してください。

5.4　次にビードを置いてみよう

　前節では、レーザをよく集光して高いエネルギー密度で照射することで照射場所にキーホールが形成し、幅が狭くて深い溶け込みを持つ溶接が可能であることを紹介しました。前節のようなレーザの照射では照射した箇所が移動していないので、レーザを照射した点だけが「点で溶接された形」になります。

　しかし、実際の溶接製品では溶接箇所は線のようになっていることが多いです。この線のように連なっている溶接箇所のことを溶接ビードと言います。ここでは溶接ビードを置くレーザ溶接方法を紹介します。

5.4.1　レーザ溶接の原理

　ここでは溶接ビードを形成するレーザ溶接の原理を紹介します。といっても、特に特殊なことをしているわけではありません。まずは、前節で紹介したキーホールが形成されるレーザ照射を行うことでレーザ照射位置にキーホールが形成しはじめます。この時、レーザは出しっ放しにして、レーザを溶接したい方向に移動させます。そうすると、キーホールを維持したままレーザ照射位置が付いてくるので、レーザを移動させた軌跡と同じ溶接ビードが形成します。

　模式図を **図 5-9** に示します。これが溶接ビードのできるレーザ溶接の方法です。なお、レーザを移動させる速度やレーザの出力、集光したビームの径、レーザの発振状態（連続波やパルス発振など）、焦点の位置、集光レンズの焦点距離、照射される材料の反射率や表面状態など、レーザを照射する条件や照射される材料のコンディションによって溶接の結果は大きく異なります。

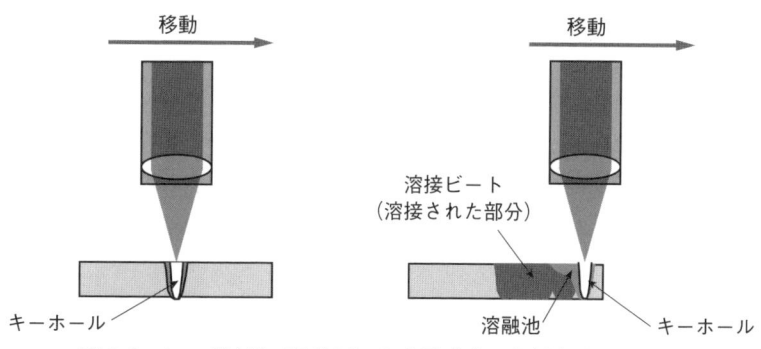

図 5-9　レーザ溶接で溶接ビードを形成する照射方法の模式図

5.4.2　アーク溶接との違い

　レーザ溶接とアーク溶接はどちらも溶接をする方法なので、しばしば比較されます。しかし、同じ溶接といっても似ているところと違っているところがあります。それぞれの特徴や短所を知っておくことは、それぞれの加工方法の理解を深めるだけでなく、特徴を生かした加工法の選択などにも生かすことができるので、ここではそのような相違点を紹介していきます。

　レーザ溶接では、集光した高エネルギー密度のレーザが材料を溶融していましたが、アーク溶接が金属を溶融する時に使うエネルギーは図5-10 に示すように、材料と溶接トーチの間で発生させるアーク放電のエネルギーです。

　放電で得られるエネルギーは強力ですが、レーザのようによく絞られた状態ではないので、エネルギー密度はレーザほど高くありません。そのため、溶接ビードの幅や溶接できる深さはレーザのように狭い溶接幅で深い溶込みという形ではなく、広いビード幅で深さは浅い形になることが特徴です。また、溶接速度は毎分数十cm 程度なので、レーザ溶接に比べて溶接速度も速くありません。そのため、アーク溶接で溶接を行う場合は非常に多くの熱を加えながらの溶接になり、熱変形や熱歪みはレーザ溶接の時以上に注意しておく必要があります。

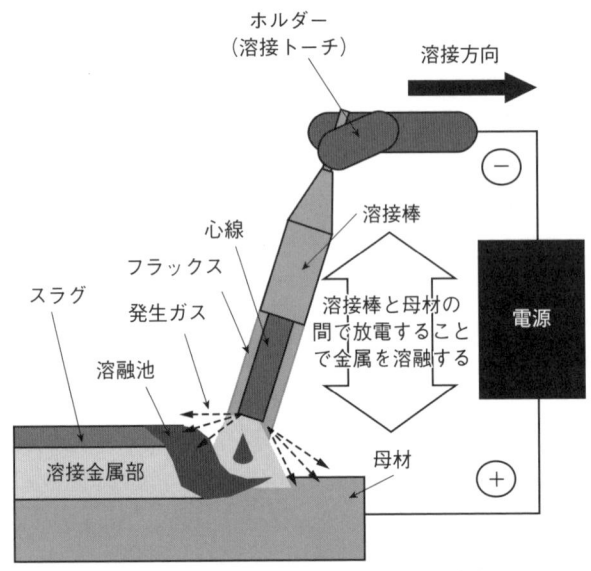

図 5-10　被覆アーク溶接の溶接原理模式図

　このように言ってしまうと、アーク溶接よりもレーザ溶接の方が全てにおいて優れているように聞こえるかもしれませんが、必ずしもそうではありません。図 5-10 の模式図にもあるように、アーク溶接中は溶接棒が溶融し、溶接部（溶融池）に降り積もります。つまり、少しずつ肉盛をしているような形で溶接が進むので、アーク溶接で板厚の厚い溶接をする場合には開先と呼ばれる溝を溶接部に作成し、その溝を溶接で何層も肉盛しながら埋め立てていく方法で溶接できます。この方法を応用すると、非常に厚い板の溶接も可能で、レーザ溶接では溶接が困難な厚さの板でも溶接できます。また、放電のエネルギーをレーザのように集中して一箇所に与えることに向いていないため、周囲を幅広く溶融してしまいます。この特徴はアーク溶接の短所でもありますが、長所でもあります。幅広く溶融する範囲内に少々の凸凹や隙間があっても何の問題もなく溶接できるタフさがあります。一方、アーク溶接機や溶接のためのシステムはレーザ溶接のシステムに比べて安価であり、コンパクトなので可搬性があることや、手動での運転も可能など柔軟な運用もできる

などの特徴があります。

そして、アーク溶接自身は従来からある加工なので、溶接方法や溶接欠陥の対策などの様々なノウハウもよく知られており、これまでに多くの良好な製品を製造している実績などから高い信頼性があります。そのため、アーク溶接はこのように工夫を柔軟に行えることや様々な特徴から、いろんなものの溶接にアーク溶接は今でも最もよく使われています。

5.4.3 溶接条件の変化と溶接部の変化

レーザ溶接では、溶接条件を変化させた時にどのように溶接の結果が変化するのかを知っていないと、思った通りの溶接ができません。レーザ溶接では、ここまでにいろいろと紹介してきたように、レーザの出力や溶接速度などを筆頭にいろんな溶接のためのパラメータがあり、それらが変わることで溶接の結果が変わります。そのため、レーザ溶接のオペレータは、自分がよく使う装置でどのパラメータを変化させると溶接結果がどのように変わるかの傾向を事前に調べて熟知していることが多いです。

ここでは代表的なパラメータを変化させた場合の傾向について紹介します。ただ、以下に示す傾向は一般的な傾向なので、変化させるパラメータの幅や範囲によっては必ずしも以下の文と一致しない場合があることが予想されます。したがって、筆者が経験した範囲での参考意見として見ていただければ幸いです。

＜レーザパワーを変化させた場合＞

他の溶接条件が固定されている状態で、レーザの出力が変化すると図5-11のように溶接できる深さが変化します。出力が上がるほど溶込み深さは比例的に深くなりますが、溶接幅も少しずつ増加します。また、レーザの出力が上がるほどに材料に対する入熱も増加するので、熱変形や熱の影響をより注意する必要があります。

逆に、レーザ出力を低くしていくと、溶込み深さは比例的に浅くなっ

ていきますが、出力0Wまで溶込み深さとレーザ出力の間に比例関係がありません。ある出力を境に溶接部の形状が熱伝導型になり、溶け込み深さが激減します。その関係は**図5-12**のようになりますので、このように溶込みの変化する領域でレーザ出力を設定する場合には注意が必要です。

レーザ出力1 kW
溶接速度5 m/min

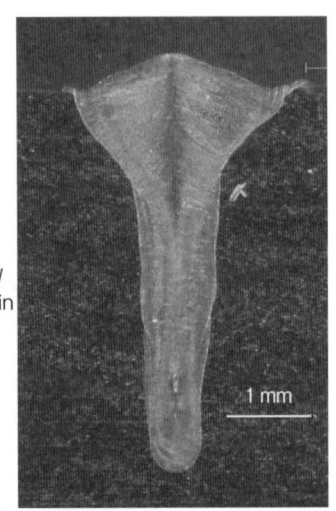

レーザ出力4 kW
溶接速度5 m/min

図5-11　レーザ出力を変化させた場合の溶接結果の違い[3]

溶込み深さ

レーザ出力

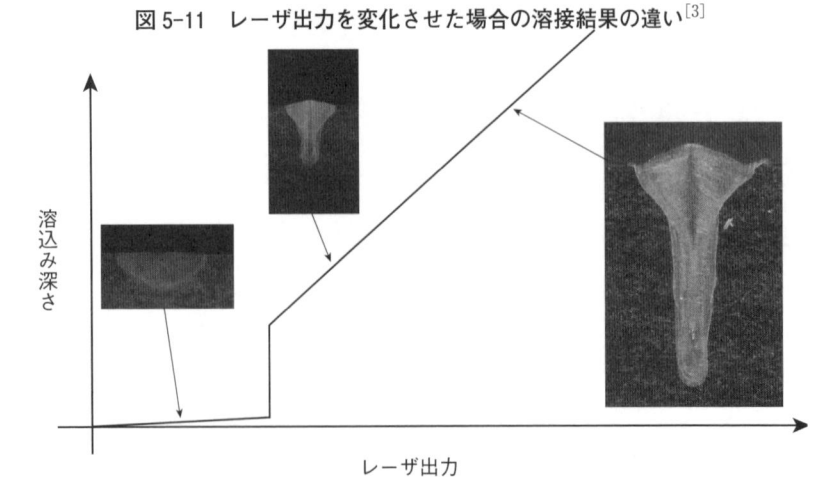

図5-12　レーザ出力と溶込み深さの関係の1例

＜溶接速度を変化させた場合＞

　他の溶接条件が固定されている状態で、溶接速度が変化すると、溶接速度の増加に伴って、単位面積当りの入熱が減少するので溶込み深さが減少します。逆に溶接速度が遅くなると、溶込み深さが深くなります。また、溶接速度が下がるほどに材料に対する入熱も増加するので、熱変形や熱の影響をより注意する必要があります。

　溶込み深さと溶接速度の変化の関係はおよそ比例的ですが、レーザの出力が低く、溶接速度が速い場合には、レーザ出力の変化の所で紹介したような熱伝導的な溶け込みの浅いビードが発生するので注意が必要です。

＜焦点位置を変化させた場合＞

　他の溶接条件が固定されている状態で、焦点位置を変化させると、材料表面に照射しているレーザのエネルギー密度が変化するので、溶込み深さや溶接幅に影響します。本章の図5-5で示したように、焦点の位置が材料表面の時が最も深く溶け、焦点がそこから上空もしくは材料内に移動することで溶込み深さは浅くなる傾向があります。

　なお、材料内に焦点がある場合は、材料内部に最もよく溶ける状態があることになるので、設定の状態によっては上空に焦点がある場合に比べて深く溶ける場合もあります。

＜パルスで照射した場合＞

　レーザを連続波ではなく、パルスで照射した場合、周期的にレーザのON/OFFやレーザ出力の強弱が掛かっている状態で材料を照射するので、連続波の時に比べて入熱量が減ります。そのため、熱変形などの熱の影響をより無視できます。また、パルスの周波数は人為的にコントロールできるので、レーザ溶接中の現象を人為的にコントロールできる可能性もあります。

　パルスは入熱量をおさえることはできますが、発振器やパルス発振状態を作る装置のタイプによっては、レーザのピーク出力が連続発振時の

出力よりも高くなるものもあり、入熱は減っているのに溶込み深さがあまり変わらない場合もあるので注意が必要です。

5.4.4 溶接欠陥と対策

レーザ溶接では溶接条件の違いによって様々な溶接欠陥が溶接部に生成します。溶接欠陥は一般に溶接部の強度を低下させ、溶接の品質を落とすので、溶接欠陥を発生させない溶接条件を探し出して溶接することが重要です。しかしながら、レーザ溶接は多くの場合が機械による自動加工なので、溶接中に溶接条件を修正するようなことは難しい場合が多いです。そのため、本溶接する前の準備段階で、しっかりと溶接条件を詰めておくことが必要です。ここでは、レーザ溶接中によく問題になる溶接欠陥、ポロシティと割れに付いて、対策を立てる方針などを紹介します。

レーザ溶接では、おそらく一番良く目にする溶接欠陥はポロシティ（ブローホール）だと思います。図 5-13 のように、溶接金属部の内部に空洞が発生する欠陥ですが、この空洞が溶接部に多数発生すると、溶接部の強度に深刻な影響を与えます。

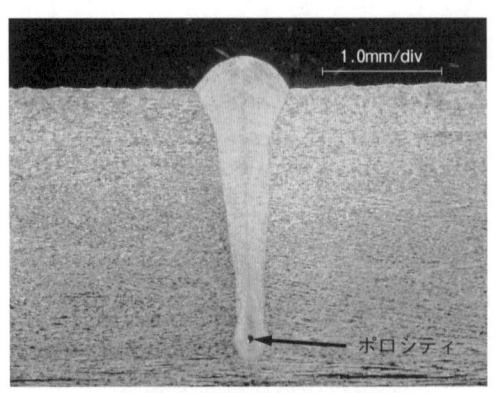

図 5-13 溶接部の断面写真で確認されたポロシティの例

近年の研究によると、ポロシティは、レーザ照射中に形成されるキーホールが内部の激しい蒸発で気泡を溶融した材料の中に吐き出し、それ

が凝固して残ったもの[4]であることがわかってきました。ポロシティはレーザ溶接で最もよく見かける欠陥であり、発生させない対策を立てることも多いと思いますので、ここでは少し詳しく説明します。

筆者は、レーザ溶接時のキーホールの挙動やポロシティの生成挙動をX線で透視し、その現象をリアルタイムで観察したことがあります。X線で透視すると言っても、レーザ溶接はレーザの照射と共に一瞬で材料が溶融して、レーザの照射終了と共に一瞬で材料が凝固して完了するので、普通のテレビカメラを使っていては溶接中に何がおきているかを観察するのは難しいです。そこで、X線で透視した映像は高速度カメラで撮影する事にしました。**図 5-14** に用いた透視装置の模式図を示します。なお、このX線を用いた観察については、大阪大学接合科学研究所の故・松縄朗名誉教授、片山聖二教授より多くのご指導ご協力をいただいて行いました。この場を借りて両教授にお礼申し上げます。

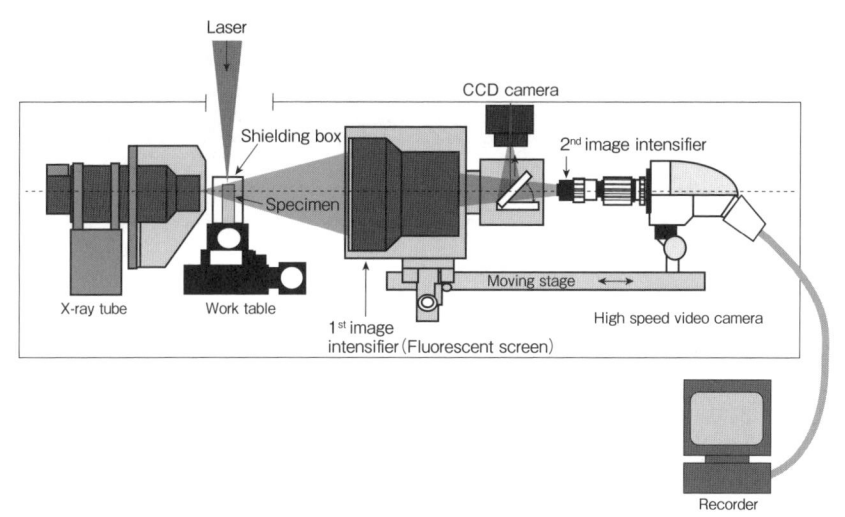

図 5-14　X線透視装置の模式図

この装置を使って様々な溶接条件のレーザ溶接時のキーホール挙動やポロシティ生成挙動を観察しましたが、代表的な挙動を**図 5-15**に示します。X線の透視映像が不鮮明な所もあったので、実際の映像とその瞬

間の模式図を併記しています。

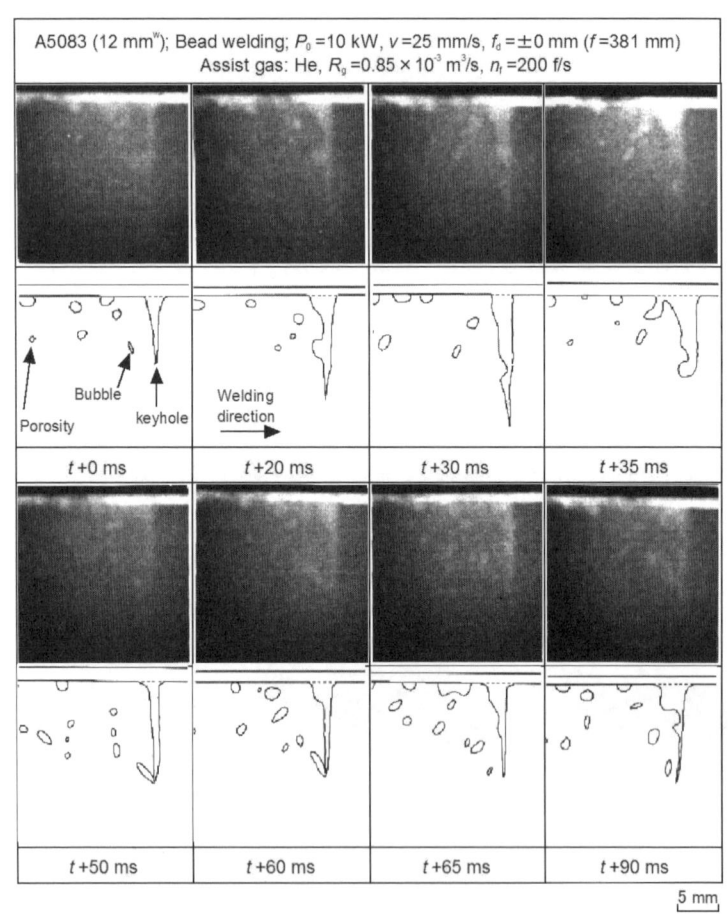

図 5-15　X 線で透視したキーホールの挙動とポロシティの生成挙動

　図の中に t + 20ms のような記載がありますが、これは 1 コマ目からの経過時間です。単位がミリセカンドなので、レーザ溶接のキーホールの挙動やポロシティの生成挙動は「1 秒の 1000 分の 1」オーダーの極めて短時間の挙動であることがわかります。図 5-15 から明らかなように、レーザが照射されてキーホールが形成している部分は針のように細くて深いキーホールの形状が見てとれます。ですが、このキーホールは

「いつでも同じ深さで同じ太さ」ではなく、極短時間で大きく膨れたり小さく萎んだり不安定に変動していることがわかると思います。そして、そのキーホールの先端部分が4コマ目から6コマ目にかけて大きな気泡のように膨らんで気泡として分離する様子が観察されます。そして、気泡として分離した後は溶融池の中を流れて行き、やがて凝固してポロシティとなることが観察されました。と言っても、図5-15の写真では、溶融池の形状も溶融池内の流動も解り難いので、X線で観察すると黒く映る材料や粒子を混ぜての観察もしてみました。**図5-16**にレーザ溶接時の溶融池の形状や、よく観察された流れの例を示します。

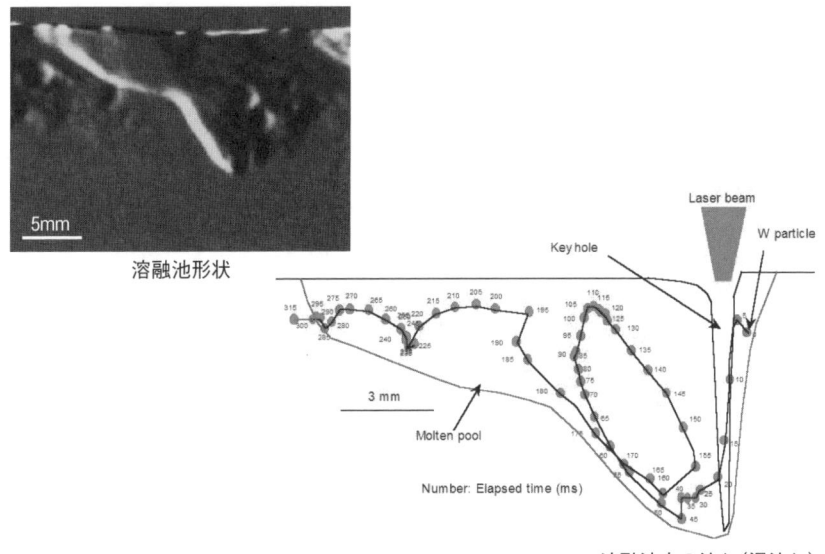

図5-16 レーザ溶接時にX線で観察された溶融池形状と代表的な流れ

　溶融池はレーザ照射部分だけ深くて、表面近傍は溶接ビードのある側に長く広がっていることがわかります。また、その溶融池の中での流れは、流れの速いところや遅い所があることがわかります。キーホールから発生した気泡はこの流れのパターンと軌跡も移動速度もよく似ていることから、気泡はこのような湯流れによって移動されていると言えます。

5.4　次にビードを置いてみよう　　113

この観察結果をまとめると、ポロシティは、「キーホール先端から発生した気泡が溶融池の中の湯流れに沿って移動し、やがては凝固してポロシティとして残留する。」という機構で生成していると考えられます。このタイプのポロシティ生成は、筆者が行った観察で、最もよく見られました。
　では、この気泡が発生しなければポロシティが抑制できるのかを検討してみました。たとえば、レーザで溶接したい材料を表から裏まで貫通させたらキーホールの先端部は存在しなくなります。気泡を発生させる先端が無くなると気泡ができないはずので、ポロシティはできにくくなるはずです。そこで、キーホールを貫通させたものとさせなかったものを比較すると、図5-17のように貫通させたものではポロシティがほぼ完全に抑制されていました。実際の溶接中の挙動をX線で観察しても、キーホールから気泡が発生した様子はなかったので、貫通溶接はポロシティ抑制には効果があると言えます。

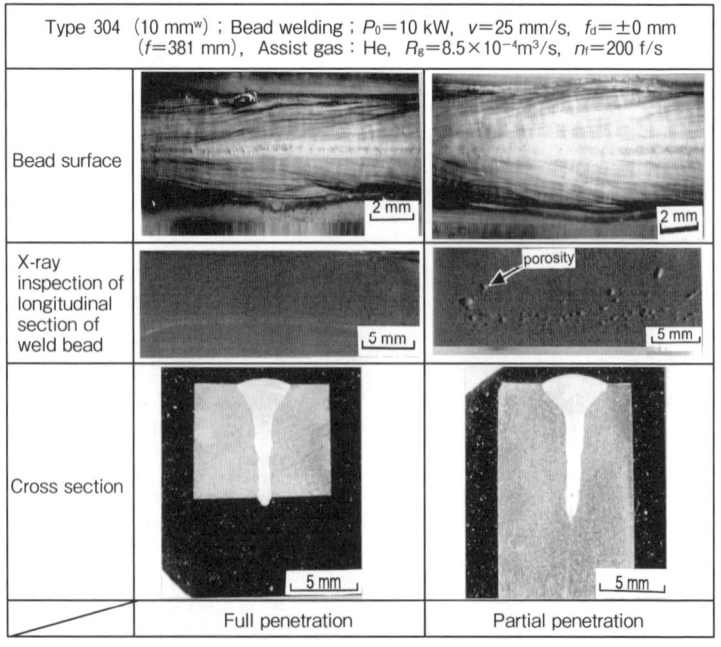

図5-17　貫通溶接と部分溶込み溶接におけるポロシティの抑制効果

また、レーザをパルス照射にすることで、人為的にキーホールの形成をON-OFFして、気泡が発生する前にキーホールをOFFできれば、キーホール先端部が存在する部分溶込み溶接でも貫通溶接と同じくらい劇的なポロシティ抑制ができます。

　ポロシティの抑制には気泡を溶融池内に作らないということが重要な対策です。

　また、ポロシティと同じくらい問題になるのが割れです。割れは名前の通り溶接した部分が割れており、最悪の場合は非常に長い領域に渡って連続して割れていることがあるため溶接部の強度に及ぼす影響は深刻です。そのため、ポロシティ以上に注意が必要な溶接欠陥です。レーザ溶接はアーク溶接以上に溶接速度が速く入熱が小さいので、急速に凝固しています。割れの中にはこの凝固速度が速すぎると発生するものもあるので、注意が必要です。

　なお、割れの原因は他にもあります。溶接中に発生する金属間化合物が原因で割れたり、特定の元素があるせいで割れたり、応力等の影響で割れたり、とても書き尽せないくらいの原因があります。割れの対策を立てる場合には、「溶かす＆固める」のレーザ溶接の行為部分だけを考えるのではなく、金属の組成や固定ジグや応力など溶接とは直接関係のない部分まで総合的に考えることが重要です。

5.4.5　レーザ溶接の長所と短所

　レーザ溶接の長所と短所について紹介します。レーザ溶接の長所は、ここまで繰り返し紹介しているように、次の点が挙げられます。

- ・ビード幅が狭く、溶込み深さが深い溶接が可能
- ・入熱が小さいので、熱変形が少ない
- ・溶接速度が速い
- ・大気中でもビームが伝送できるので、真空チャンバー等が不要
- ・機械による自動溶接が可能

しかしながら、短所がないわけではありません。

・ビームをよく集光しているので、溶接する場所に隙間や凹凸があると溶接品質が低下もしくは溶接不能になる
・使用するレーザが強力なので、反射光でも失明の怖れがあり、レーザ光の防護対策が必須であること
・レーザ発振器や溶接用のシステムは高額な場合が多く、多額の初期投資を必要とすること
・レーザ溶接ではエネルギーが光の速度で伝送されているので、フィードバック制御が難しいこと

このように、レーザ溶接には長所も短所もあることを記憶の片隅においておき、特徴を生かすような応用を考えることで、レーザ溶接は意外と役に立つツールとして使えるようになります。

5.5 そしていろんな継手を溶接してみよう

　ここまで、レーザで溶接する際の各種現象や注意点、溶接欠陥の話やレーザ溶接の長所／短所などを紹介してきました。ですが、溶接は「複数のパーツを１つに接合してナンボ」の加工です。接合できなければここまでのお話はただの無駄話です。ここでは、接合する際に考えなければならない項目を紹介します。

5.5.1　溶接の継手形状

　実際の溶接の際に考えなければならないこと、それは、溶接条件やレーザの照射方法も重要ですが、溶接される材料側で考えなくてはいけないこともあります。溶接される材料も重要ですが、溶接される箇所（レーザを照射する場所）の形状は、溶接部の強度や性能などの結果に大きく左右します。溶接される箇所の形状は継手形状といいますが、ここでは代表的な継手形状を紹介します。

＜突合せ継手＞
　図5-18のように２個のパーツを並べ、パーツが密着している部分を溶接するタイプの継手です。この継手をレーザで溶接する場合は、密着箇所（突合せ面）に隙間や酸化物などの異物が無く、目違いのような段差が少ないことが良好な溶接の鍵になります。
　なお、レーザ溶接中に溶加材を加える場合は、密着箇所を図のような形状ではなく、Ｖ型の溝ができるように加工している場合もあります。この溝は開先と言われます。

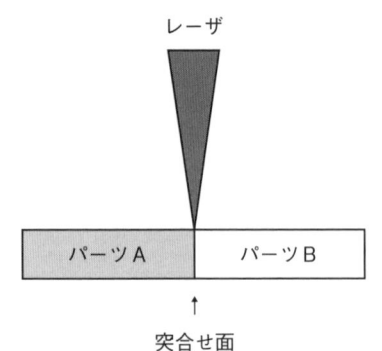

図 5-18　突合せ継手の模式図

＜重ね継手＞

　図 5-19 のように 2 個のパーツを重ねて、板の表から裏まで一気に溶かすタイプの継手です。この継手をレーザで溶接する場合は、重ね面に酸化物などの異物が無く、よく密着していることが良好な溶接の鍵になります。

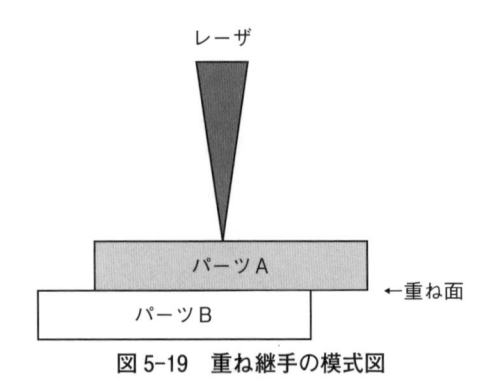

図 5-19　重ね継手の模式図

＜隅肉継手＞

　図 5-20 のように 2 個のパーツを置き、隅になる部分を溶接するタイプの継手です。この継手をレーザで溶接する場合は、レーザを斜めに入射させることになるので、溶接条件によっては十分に溶融されない溶接になる可能性もあります。そのため、しっかりとした溶接のためには溶

接条件の設定に特に注意する必要があります。

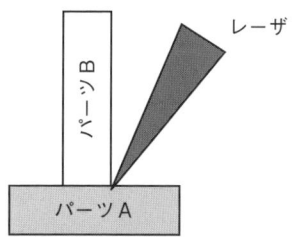

図 5-20　隅肉継手の模式図

他にも製品を作る上では継手形状はありますが、この 3 つが代表的な継手です。

5.5.2　レーザ溶接ならではの溶接方法

ここでのお話は前節の応用になります。レーザ溶接の継手を考える場合、レーザだからできる特徴を生かした方が良いことが多いです。

例えば、前節で紹介した重ね継手ですが、これは自動車のボンネットのスポット溶接でも用いられる継手です。ご存知の通り、自動車の溶接は一瞬でできますし、スポット溶接のコストはレーザ溶接より格段に安いです。これをレーザ溶接に置き替えるというのは、あまり賢い切り替えとは言えません。例えば、このような薄板の重ね溶接をレーザで置き替える時に、スポット溶接のように点で止めるのではなく、レーザ溶接が高速でできる特徴を生かして、溶接ビードという線で止めるようにすれば、置き換えの効果以外に接合部の強度上昇などのメリットも同時に得ることができるようになります。

また、図 5-21 のようなハシゴ状の構造物を作る場合、従来の溶接法だと、非常に多数の隅肉溶接をしながらこの形状を作っていかないとできません。しかし、レーザの深く溶ける特徴を上手く使うと、先にこの形状にパーツを並べておいて板の上から中の板まで貫通させることで容易に組み立てられるようになります。

通常の溶接で作る

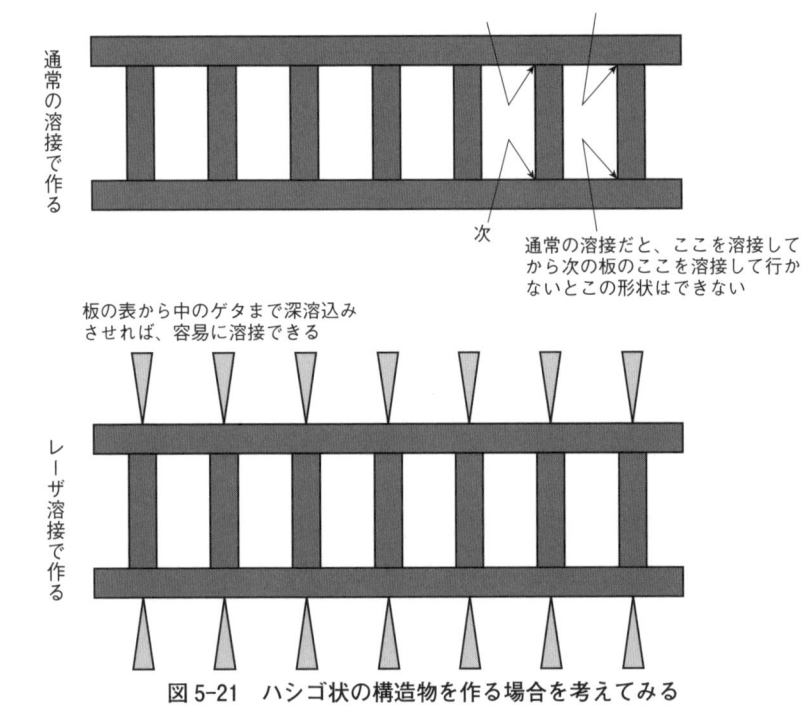

次

通常の溶接だと、ここを溶接してから次の板のここを溶接して行かないとこの形状はできない

板の表から中のゲタまで深溶込みさせれば、容易に溶接できる

レーザ溶接で作る

図 5-21　ハシゴ状の構造物を作る場合を考えてみる

　このように、レーザだからできる継手を考えてパーツの設計をすると、よりレーザ溶接の特徴が生かせます。

5.6 レーザ溶接の実例

　レーザ溶接も近年身近な工業製品に応用が増えてきているので、ここでは実際のレーザ溶接について幾つか例を紹介します。レーザ溶接をおそらく一番積極的に採用拡大しているのは自動車製造関係だと思われます。したがって、自動車を例に紹介を進めたいと思います。

5.6.1　薄板のレーザ溶接

　自動車のルーフやサイドパネルなどは、厚くても1mm位までの厚さの薄板で作られています。レーザ溶接が実用的でなかった時代はスポット溶接と呼ばれる方法で接合されていたのですが、最近はここにレーザが適用されることが増えてきています。薄板のレーザ溶接では、レーザ溶接の深溶込みな特徴を生かすのでは無く、高速な溶接速度で入熱を抑制できる特徴を生かすことになります。薄板のレーザ溶接では、溶接速度が毎分数メートルという高速で移動させても溶接できるので入熱は小さく、細くて熱変形のない綺麗な溶接がすみやかにできます。また、レーザ溶接はスポット溶接のような「点」の接合ではなく、溶接ビードという「線」の接合になるため、溶接してつくった構造物は頑丈になる利点もあります。**図5-22**にレーザ溶接された自動車の一例を示します。

レーザ溶接されるアウディA2のボディ

アウディA2

図 5-22　レーザ溶接が適用された自動車のボディ[5]

5.6.2　厚板のレーザ溶接

　レーザ溶接は薄い板以外にも応用されています。例えば、自動車のトランスミッションには動力を伝達するために大きく厚めのギアが多数組み込まれています。これの溶接にもレーザ溶接が使われる場合があります。その例として図 5-23 にギアに応用された例を示します。継手形状にもよりますが、薄板の場合とは違ってギアのように厚いものを溶接する場合には、ビード幅の割に溶込み深さが深い特徴を生かす溶接がされることが多いようです。

図 5-23　トランスミッションギアのレーザ溶接の例[6]

　最近は、ファイバーレーザも 10kW くらいの大出力を持つレーザが出現していますし、CO_2 レーザも 50kW くらいの出力のレーザが存在します。そのため、更に厚い材料を扱う重工、鉄鋼の分野でも蒸気タービンの溶接や管の溶接、鋼板の板継ぎなどにレーザ溶接の適用が拡大しています。

5.6.3　極限環境でのレーザ溶接

　これは実用されている部分と実用されていない試行中／研究中の部分がありますが、レーザ溶接の適用の一例なので紹介します。レーザは光なので、空気中や真空中、水中を問わず直進します。この性質を使って、「水中のレーザ溶接」や「宇宙空間でのレーザ溶接」のような極限環境での溶接も研究が進んでいるようです。特に水中のレーザ溶接は原子炉の溶接などにも既に応用されています[7]。水中で溶接が自在にできるようになると、原子炉のような特殊なプラントに限らず、船をはじめとする水中で稼動する機械や橋梁の脚のような構造物も水中で組立・補修が容易になります。そのため、このような極限環境での溶接はこれからも技術開発が進むと思われます。

5.7 レーザ溶接のデータベース

　レーザ溶接に関する加工技術のデータベースがインターネットで公開されているので、それを紹介します。その名前を「加工技術データベース」といいます。筆者もこのデータベースの開発に関わったのですが、このデータベースは、ものづくりをしている日本の企業（特に中小企業）に役立つであろう15の加工の加工条件や加工事例のデータを集積したデータベースで、無料で公開されています（15の加工の内訳は、鋳造、鍛造、金属プレス、射出成形、切削、研削、研磨、放電加工、レーザ切断、レーザ溶接、アーク溶接、熱処理、めっき、溶射、PVD/CVD）。と、4.7節と同じ書き出しですみません。既に4.7節で紹介した加工技術データベースには、レーザ溶接のデータも載っているので紹介します。ですが、ログインのパスワードとかはレーザ切断を含む他の14加工法のデータベースと共通なので、この節ではパスワードの取得の辺りは割愛します。

　さて、加工技術データベースにログインした後、画面に現れるレーザ溶接のアイコンをクリックすると、図5-24のようなページが現れます。レーザ溶接はレーザ切断よりも知られていないので、「溶接条件を変えることで溶接結果がどのように変わるか？」のような基礎的なデータが多いですが、溶接中に発生しやすい溶接欠陥の情報や溶接欠陥の抑制方法、さらにいくつかの溶接欠陥については実際に欠陥を抑制した事例など、実用的なデータも多数入っていますので、レーザ溶接の初級～中級者には非常に参考になると思われます。レーザ溶接でちょっと悩んだ時なんかに字引代わりで見てもらえるときっと役に立つと思います。

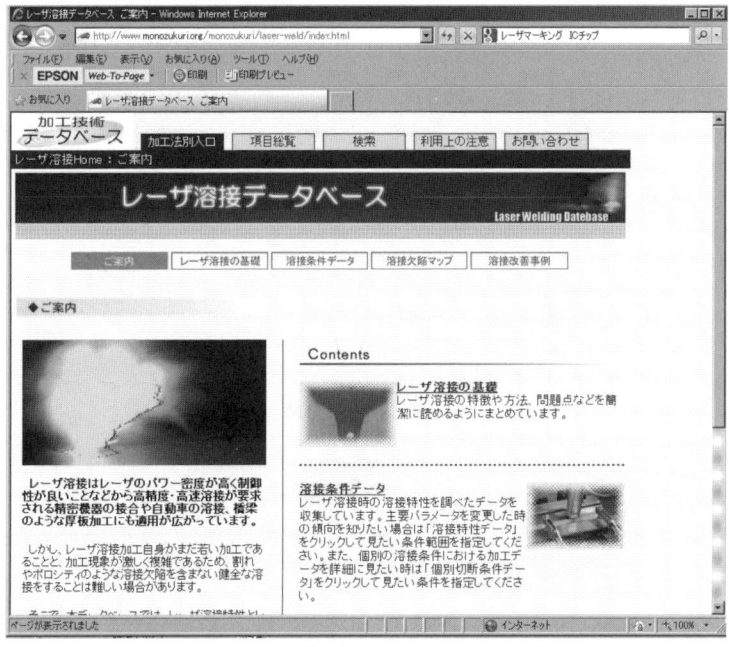

図 5-24　レーザ溶接データベースのトップページ

■参考文献

[1] ミヤチテクノス製の手動のレーザ溶接トーチ；http://www.miyachi.com/product/category/laser_welder/mlh_150_400/
[2] 株式会社ICSコンベンションデザイン；http://www.ils-japan.jp/articles/0810_22.html
[3] (独)産業技術総合研究所　加工技術データベース；http://www.monozukuri.org/db-dmrc/index.html
[4] 瀬渡、片山、松縄；「アルミニウム合金レーザ溶接時のポロシティ生成機構の解明とその抑制法」溶接学会論文集　第 18 巻第 2 号 p.423-255；2000
[5] 産報出版「フレッシュマン講座」；http://www.sanpo-pub.co.jp/omoshiro/freshman/post_388.html
[6] TRUMPFのカタログより；http://www.jp.trumpf.com/22.img-cust/Laser_catalog.pdf
[7] 依田、田村；「PWR原子炉用機の冷却材で入口管台に対する水中レーザ溶接技術」、東芝レビュー　Vol.65, No.9, p.36 ～ 39,（2010）

6章 レーザで表面改質をしてみよう

　この章では、レーザを使った表面改質を紹介します。代表的なものはレーザを使った焼入れやクラッディングですが、どちらの場合も、レーザは狙った所だけにエネルギーを与えて変質させることができる特徴を上手く使った部分的な改質によく使われています。

6.1　レーザ表面改質の特徴

　まずは鋼の焼入れを例に考えてみましょう。炭素鋼の焼入れは、鋼をオーステナイト組織の状態に加熱した後、水中または油中で急冷することによって行われます。これをすることによって鋼が硬くなります（同時に脆くもなります）。
　ですが、日本刀の刃の焼入れに見られるように、通常見かける多くの焼入れでは、急冷する前の昇温は直接火にくべたり、炉の中で全体を加熱する等、鋼全体を加熱して水や油に漬けることで急速冷却します。そのため、鋼全体に焼きが入ることになります。
　しかし、図6-1のように、鋼部品の一部に焼きを入れて、他の部分には焼きを入れたくないという場合も当然のようにあるはずです。このよ

うな場合、焼入れして硬くしたい部分だけ炉で加熱するという器用な加熱は、特殊な場合を除いて不可能です。

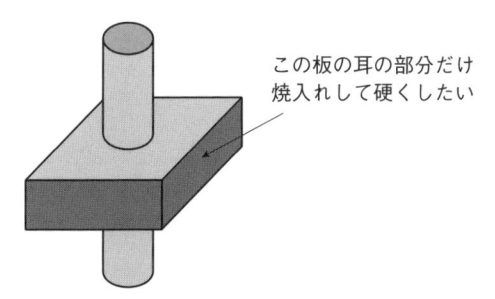

図 6-1　部分的に焼入れをしたい部品の例

　ですが、レーザを使った焼入れの場合は、このような部分的な熱処理の時、非常に有用です。図 6-1 の焼きを入れたい部分をレーザでなぞることで、その部分だけを急速に加熱でき、レーザがその場を去ることで冷却が始まりますが、レーザによる加熱はレーザ溶接でも紹介したように急熱急冷なので、焼入れのような急速な冷却ができます。

　このようにレーザを使った表面改質の特徴は、部分的な表面改質が可能なことが挙げられます。この特徴は自動車のエンジン部品の加工などにふんだんに使われており、給排気バルブやエンジンヘッドでバルブの当たる部分（バルブシート）に耐磨耗性を持つ材料をクラッディングしたり[1]、シリンダーボアに直接レーザ焼入れしたり[1]等、様々な応用をされています。また、部品全体を熱処理する場合は、多大な熱を長時間かける必要がありますが、レーザで熱処理する場合には必要な部分を高い出力で短時間加熱するので、結果的に**入熱が少ないことや熱変形が小さいこと**なども特徴として挙げられます。

6.1　レーザ表面改質の特徴

6.2 レーザ表面改質時の基本的セッティング

　レーザを使った表面改質の場合、レーザ切断やレーザ溶接のように「レーザを集光して高いパワー密度で照射」することは稀です。このような照射の場合、照射した部分を深く溶かすレーザ溶接と同じ現象が起きます。レーザを使った表面改質は多くの場合、表面に焼入れをしたり、耐磨耗などの別の機能を持った層を表面に作るのが目的で、深く溶かす必要はありません。そのため、図6-2に示すように、レーザをデフォーカスした状態で照射することが多いです。

　レーザの出力は、その照射によって行いたい処理ができるような出力で照射されます。つまり、クラッディングのように供給した材料を溶融させながら機能を与える場合は材料が溶融するような出力で照射しますし、焼入れのように融点以下で加熱することが求められる場合は、材料が溶融しない出力で所定の温度までの加熱冷却が行える出力で照射します。また、この図6-2ではレーザの脇にシールドガスや材料の供給が書

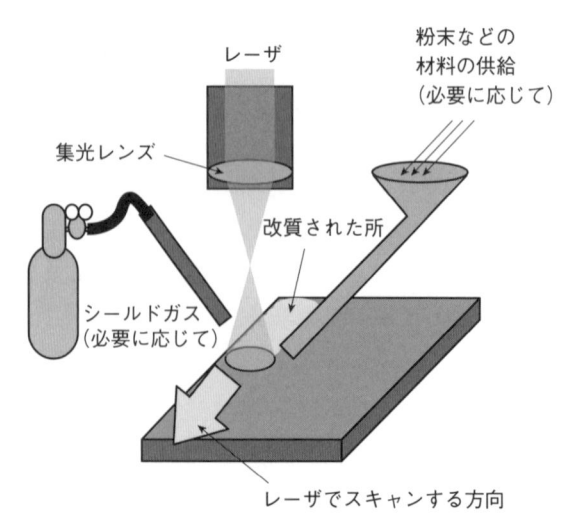

図6-2　レーザ表面改質での基本的なセッティング模式図

かれていますが、これらは必要に応じて用いられたり、用いられなかったりするアイテムです。

　なお、レーザをデフォーカスで照射する場合について、いくつか注意するべき所があります。それは、照射している場所は端の方でも中央でも同じパワー密度で照射されていることが重要になります。レーザ発振器の特徴や集光レンズ等の光学系の工夫で図6-3に示すように照射部分がどこでも同じ条件で照射されるようになると、「端で照射されたから焼きが甘い」のような場所による不都合を減らすことができます。

　一方、レーザを使った表面改質では、狙った所だけを加工できる特徴がありますが、狙う位置が非常に混み入っていて、図6-2のように大きく広い面積をあてるセッティングができない場合もあります。その時はあまりデフォーカスせず、レーザの出力を低い目に調整して限られた部分で必要な処理ができる条件を出すこともあります。

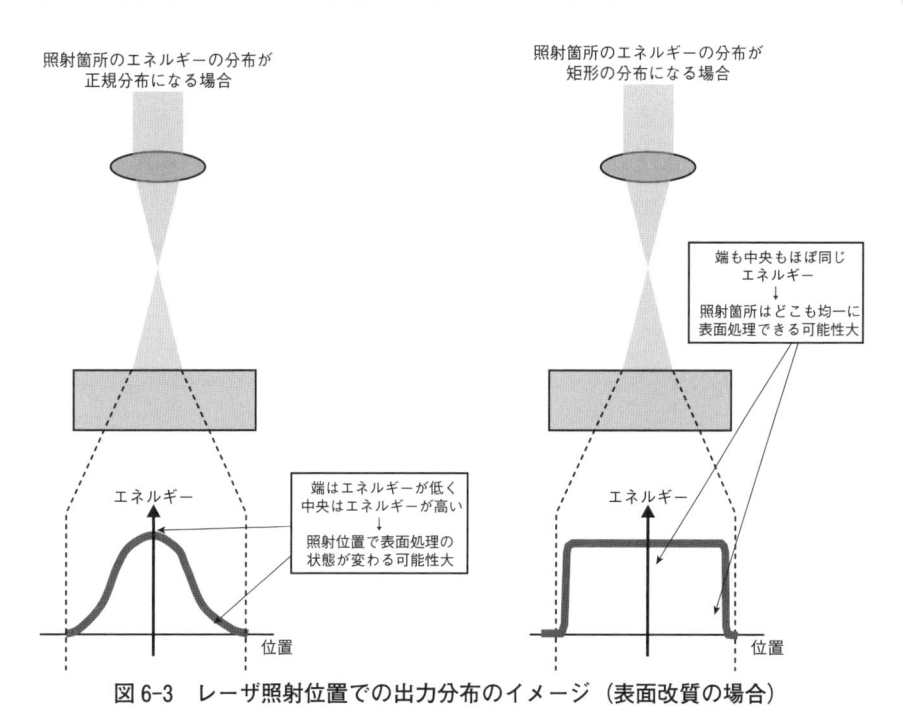

照射箇所のエネルギーの分布が
正規分布になる場合

照射箇所のエネルギーの分布が
矩形の分布になる場合

端も中央もほぼ同じ
エネルギー
↓
照射箇所はどこも均一に
表面処理できる可能性大

エネルギー　　　　　　　　　　　　エネルギー

端はエネルギーが低く
中央はエネルギーが高い
↓
照射位置で表面処理の
状態が変わる可能性大

位置　　　　　　　　　　　　　　　位置

図6-3　レーザ照射位置での出力分布のイメージ（表面改質の場合）

6.3　材料にレーザを照射してみる

ここでは、レーザで表面改質をするために材料にレーザ照射する際の特徴や注意点を簡単に紹介します。

6.3.1　溶接／切断と決定的に違うことは？

ここまでの章でレーザ溶接やレーザ切断など、レーザ加工でよく応用されている加工方法を説明してきましたが、接合する／分離するという違いこそありますが、どちらの加工も「よく集光した高いエネルギー密度のレーザで材料を溶融させる」と言う点は共通していました。しかしながら、レーザで表面改質をする場合は少し事情が違います。

前節までの説明でよく出てきたレーザによる焼入れは、名前の通り鋼に焼きを入れます。しかし、焼きを入れるには、材料を融点まで上げることは必要ではなく、ある温度まで上げて急冷することが必要になります。しかも、焼きを入れたいと思って照射するエリアは全て均一にエネルギーを与えた方が照射箇所の焼きの入り方が均一になります。つまりレーザの焼入れでは、「高いエネルギー密度で溶融」するのが大事なのではなく、「照射箇所を均一に加熱」することの方が大事です。

また、レーザでクラッディングをする場合は、クラッディングするための粉末を溶かすくらいのエネルギーを照射しますが、「粉末と母材をよく接合させる」ことが目的の溶融であり、レーザ溶接のように「少しでも深く強力に溶かして接合する」という溶融とは性格の違う溶融です。クラッディングの場合もレーザ照射した場所が均一に接合されていることが求められるので、レーザ溶接とは違い「照射箇所を均一に加熱」する事の方が大事です。

このように、表面改質では、溶接や切断のように「高いエネルギー密度で溶融」するというレーザ照射をまず行いません。焼入れやクラッディングなど、目的の表面改質加工に必要な熱を材料（照射箇所）に均一

に与えることが重視されます。ここはレーザ溶接／切断とは決定的に違う点ですので、記憶の片隅に留めておきましょう。

6.3.2　レーザ表面改質時の注意点

　レーザを使った表面改質では、目的の加工に合わせて照射箇所を均一に加熱することが求められるので、集光光学系はこの条件が満たせるように選ぶべきです。また、レーザは集光されると照射位置でのエネルギー密度が箆棒に高くなることが多いので、たいていの場合は、レーザ溶接のように照射する材料の表面で焦点を結ぶような照射をせず、材料表面でピントのあっていないデフォーカス状態で照射することが多いです。

　デフォーカスでの照射の場合、照射箇所が広範囲であること、また、反射光や散乱光の起き得る範囲や条件も広くなり、これらに注意は集光している溶接や切断の時以上に注意しておく必要があることなどが表面改質時の注意点として挙げられます。

　また、クラッディングなどではレーザ溶接やレーザ切断では扱わない粉末を扱うこともあります。溶接や切断畑の人にとっては、粉末は慣れない材料ですので、扱う粉末の化学的／物理的性質を事前によく知っておくことも安全なレーザ表面改質のためにも必要な注意点と言えます。

6.4 レーザ焼入れしてみよう

　レーザを使った表面改質はいくつも例があるのですが、ここでは代表的な焼入れをする場合を例に紹介します。

6.4.1　熱して急冷する

　焼入れは、レーザを使った焼入れよりも、高温の炉や高周波加熱で加熱してから部品取り出して水や油で急冷する焼入れの方がより一般に知られていると思います。使う物がレーザと炉で違うし、加熱方法や加工中の環境も随分違うので、別の原理で加工しているのかと思いがちですが、炉を使う焼入れもレーザを使う焼入れも基本的に同じことをやっています。

　例えば、鋼の焼入れを考えてみます。図 6-4 に鋼の状態図を示します。鋼を図 6-4 の A1 線（727℃）から A3 線上の 30 ～ 50℃程度を目安に加熱することで、鋼はオーステナイト（γ 鉄）と呼ばれる組織に変態します。このオーステナイト組織は磁石の付く鋼（フェライト組織（α 鉄））の時よりも炭素を多く含んでいる組織です。この状態を室温までゆっくり冷却すると、せっかく多く含有した炭素が冷却中に材料内に拡散して加熱前と同じ状態に戻ってしまいます。

　炭素が多く入ることで鋼は硬くなる性質があり、焼入れはそれによる硬さ向上を狙う作業なので、A1 線から A3 線上の 30 ～ 50℃程度を目安に加熱した後、水や油の中で急速に冷却することで、炭素が拡散して元の状態に戻る隙を与えない場合は、炭素が多く含有された状態が維持されます。このように急冷した場合、オーステナイトになっていた組織はフェライトにならず、マルテンサイトと呼ばれる硬くて脆い組織になるものが多くなります。その結果、鋼は強度が上がり硬くなります。

　このように、鋼の焼入れの正体は、「加熱して急冷する」事によって、炭素を多く含む硬い組織を作ることでした。ここで炉を使う焼入れ

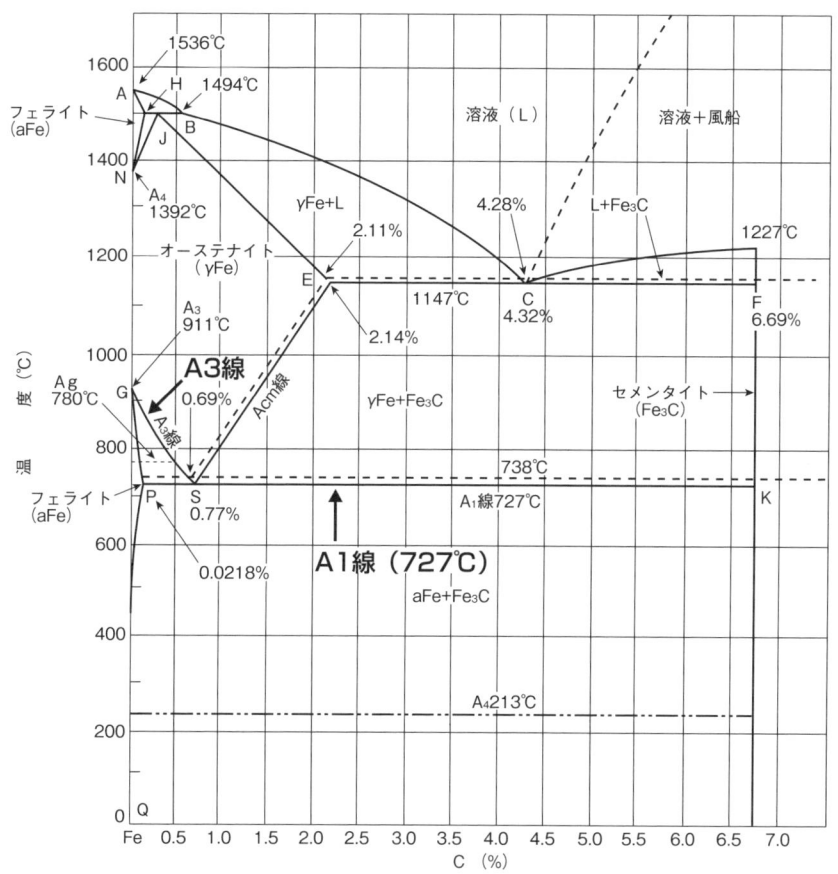

図 6-4 鉄―炭素の 2 元状態図[2]

をもう一度思い出してみると、「炉でオーステナイトに加熱し、水冷で急速冷却する」ので、まさしく「加熱して冷却」を忠実に実行しています。

では、レーザの場合はどう考えてみましょう。レーザの照射条件や照射方法の調整は必要ですが、レーザを照射することで鋼を加熱するまでは簡単に想像できると思います。ですが、その後「水冷する」ようなことはしません。筆者もここまでの説明で「レーザが走り去ったら、照射された場所は急速に冷却され、焼きが入る」みたいな記載を何度かし

6.4 レーザ焼入れしてみよう

ています.本当にレーザ照射後に放置で焼きが入るくらいの急冷ができるのか,気になる方もいると思います.

少し古い研究ですが,1981年の溶接学会の研究論文でレーザ焼入れに関する研究[3]が報告されており,その中では,有る条件でレーザを照射した時の800℃から400℃までの冷却速度について,計算による検討結果が載っています.図6-5にその計算値のグラフを参考として示しますが,遅い物でも0.3秒という「一瞬」で温度が下がっています.最近では,このように特に強制の冷却が要らないことはレーザを使った焼入れではよく知られた事実になっており,この性質を「自己冷却作用」のように紹介されること[4]もあります.

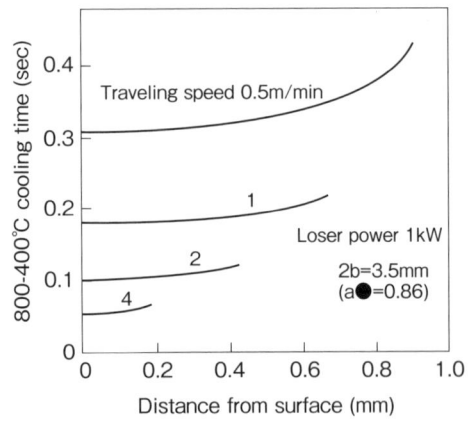

図6-5 各種スキャン速度による800-400℃の冷却時間[3]

6.4.2 普通の焼入れとどこが違うのか?

レーザ焼入れと炉を使う普通の焼入れのどこが違ってどんな特徴があるのかについて,簡単に紹介します.前節で紹介したように焼入れには700〜900℃くらいの非常に高い温度まで加熱することが必要です.このような温度に上げて急冷するので,炉を使って全体を焼入れする方法では,鋼が熱で伸び縮みすることによる寸法変化は避けて通れない問題になります.そのため,事前に変形分を折りこんだ寸法設計や加工とい

う難題が発生します。また、鋼を加熱する熱源に炎を用いる場合、加熱の再現性等に難点があることも挙げられます。そして、部品全体に焼きを入れるのが全体になるので、焼入れする場合には、加工中のジグから下ろし、炉の中に部品を移す必要もあります。

　逆にレーザ焼入れではどうかを考えてみます。レーザで焼入れしたい所だけを狙い打ちできるため、部分的な焼入れはお手のものです。また、レーザによる急熱急冷なので、入熱量は小さく、熱による伸び縮みは非常に小さくなります。そして、全体を焼入れするわけではないので、加工ジグに乗ったままでも焼入れしたい部分に焼きを入れることができます。ですが、レーザの焼入れの場合、焼入れしたい部分をレーザでなぞって行く「一筆書き」状態なので、広い面積の焼入れや大きなパーツの焼入れでは結果として普通の焼入れよりも時間が掛かる短所もあります。

　このような特徴から、普通の炉を使う焼入れは中型・大型の部品の加工に用いられることが多く、レーザ焼入れは部分的な焼入れや精度を求められる部品、小型部品などに応用されることが多いようです。

6.5 レーザクラッディングをしてみよう

続いて、レーザを使った表面改質では焼入れと同じくらいポピュラーなレーザクラッディングについて紹介します。

6.5.1 レーザクラッディング、どうやるの？

クラッディングとは、一言で言うと「肉盛」です。図6-6に示すように、機能を付けたい部分に粉末やワイヤの形で材料を供給し、それを溶かして溶着させていく方法を言います。図6-6はその「溶かして溶着させる」熱源がレーザなので、レーザクラッディングになります。

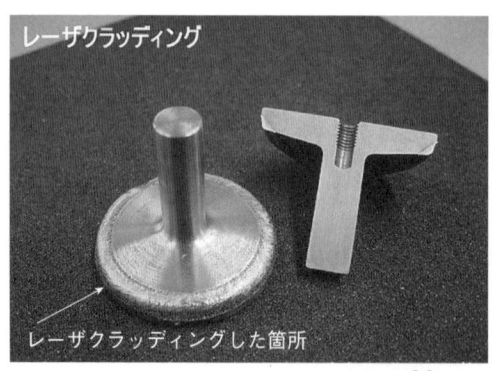

図6-6　レーザクラッディングの例[5]

レーザクラッディングをするためのセッティングですが、図6-2に示したように、レーザを照射している場所にクラッディングしたい粉末やワイヤを供給する仕掛けが付いています。そして、レーザによって供給された材料が溶融され、クラッディングされていくというセッティングです。この場合、材料の供給量やレーザの出力、スキャンする速度など加工条件のセッティングによって、クラッディング層の厚さや大きさ、効率などが変化します。そのため、目的にあったクラッディングができ

るように、加工条件やレーザ照射のセッティングなどをよく調整しておくことが大切です。

6.5.2 レーザクラッディングのメリットは？

レーザクラッディングはレーザを照射した場所だけに肉盛することができますので、例えば図6-7に示すように、自動車のエンジンにおけるバルブシートの加工のような「混み入った特定箇所にだけ対磨耗性を与えるような加工」に使われています。また、このようなエンジンの特定箇所に性能を与えるレーザクラッディングの手法に関する技術等は自動車メーカーを始めとして、エンジンを作っている企業によって特許化されている例[6]が多いです。

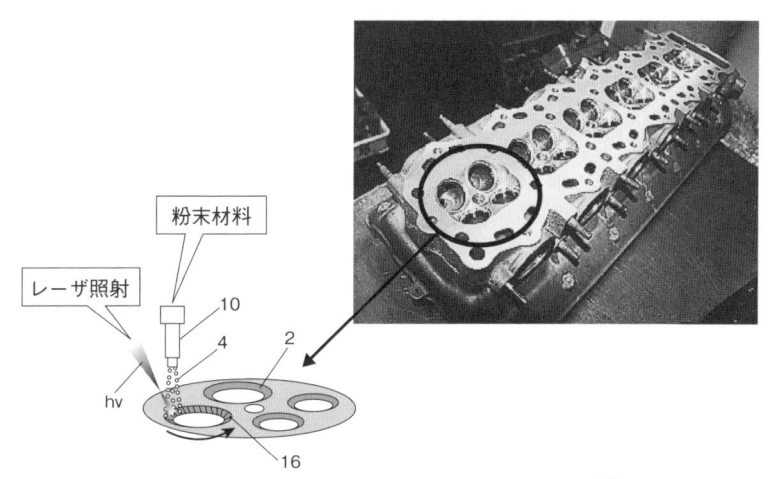

図6-7 レーザクラッディングを応用した例[7]

では、レーザが得意とした「特定の箇所を狙い打ちでクラッディングする」が要求されない「大きな面積のクラッディング」や「厚く肉盛したい」という場合もレーザクラッディングが有利かということについて考えてみます。この場合も前節のレーザ焼入れの時と似た問題が起きます。広い面積を「一筆書き」でなぞる事は非常に時間が掛かります。複

雑な形状を3次元的になぞっていくという場合にはレーザの良さが発揮されるかもしれませんが、単純形状ではあまりお勧めはできません。そのため、状況に応じて、溶射や他の肉盛加工で加工する方がレーザでクラッディングするよりもメリットがある場合もあります。また、厚く肉盛する場合についても、とにかく厚さ優先ということであれば、アーク溶接機を使って肉盛溶接する方が速くて安いこともしばしばあります。こちらも状況に応じて使い分けることが必要だと思われます。

■参考文献

［1］柴田公博、石原弘一、河崎稔、鈴木芳郎、杉田栄利、伊東輝行「ここまできたレーザー応用　自動車産業分野」レーザー研究　第26巻1号（社団法人レーザー学会）p.61-71
［2］京都府織物・機械金属振興センター；http://www.silk.pref.kyoto.jp/oriki/index-d/d0609/topic_netusyori.html
［3］丸山、宮本、石出、荒田「レーザ焼入れの研究—炭素鋼硬化条件の解析—」溶接学会論文集　第50巻　第2号　p.208-214、1981
［4］浅川熱処理株式会社；http://www.netushori.co.jp/story/15.html
［5］東成エレクトロビーム株式会社；http://www.tosei.co.jp/index.html
［6］日産自動車株式会社「バルブシート形成方法及びシリンダーヘッド」特開2009-47026（p2009-47026A）2009年3月5日
［7］紺太郎コンセプト；http://www.kpgc10.com/r-room-3.html

7章 他にもあるレーザ加工

　ここまでは、現在レーザ加工で特によく応用されている切断、溶接、表面改質を中心に紹介してきました。ですが、レーザの特徴を生かした加工への応用は他にも多く使われています。ここでは、そのような例について紹介します。

7.1　レーザマーキング

　レーザを使った除去加工の応用で身近な場所にも見かけられる加工にマーキングがあります。たとえば、図7-1のように金属板や樹脂の上にレーザで印字する方法がレーザマーキングです。レーザマーキングは、図7-1のように材料をレーザで彫りこむ場合もありますが、材料表面の塗装膜のような「材料上に載っている物質」を除去するような加工をする場合もあります。

図7-1　レーザマーキングの例[1]

　レーザマーキングはレーザで直接材料を削って印字する方法なので、次のような特徴があります。

・永久的な刻印／印字が可能
・耐磨耗性、耐退色性、耐溶剤性に優れた印字が可能
・有毒な溶剤や顔料を使わない印字が可能
・極小サイズの印字も可能
・非接触のプロセスなので、医療デバイスや食品への適用も可能

　これらの特徴から、ICチップへの印字のような電子デバイスから、識別番号、バーコードのような記号など、「擦り切れては困る」印字を中心によく応用されています。
　なお、レーザマーキングの印字の速度は字の大きさや絵柄の複雑さによっても異なりますが、インクジェットプリンターで文書を印字している速度とあまり遜色はありません。

7.2 レーザ微細加工

　レーザを使った加工ではレーザの照射径を小さくしていくことでより緻密な加工をする事ができます。これを上手く使った加工がレーザ微細加工です。例えば、**図 7-2** のような微細な溝加工は電子デバイスの開発などで特に強い要望があります。

図 7-2　レーザを使ったポリイミドへの微細溝加工の例[2]

　また、電子部品を作る上では、図 7-2 のような溝加工以外にも、微細な穴あけも同じくらい強い要望があります。レーザは微細なドリルの直径よりも細く絞れるため、**図 7-3** のような微細穴の加工にもしばしば応用されます。溝加工でも穴加工でもそうですが、このような微細な加工では、どれだけテーパー等のせいで形状が狂っていないか、言い換えると、「どれだけ指定の寸法どおりに形状が加工できているか」がその加工の価値を左右するようです。

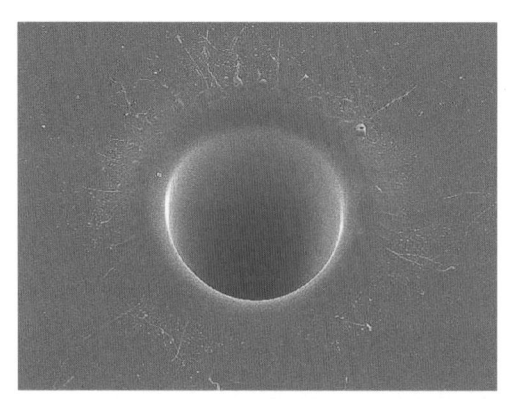

図7-3　レーザを使ったアクリル材への微細穴加工の例[3]

　また、微細加工の少し変わった例として手術で使うステントの加工について紹介します。ステントは血管の手術をする際に血管の中に差しこんで膨らませ、血の流れを確保する時に使う道具です。そのため、図7-4のような網状の細い直径の金属管であることが必要になります。これを精密なレーザ切断で金属管から切り出してステントを作る試みがいろんな所でなされています[4][5]。

　実際の加工では、図7-4で穴になっている部分はレーザ切断で除去する部分で、金属の部分は切り残す所となっています。この加工では、精密な切断に加えて、切断中にパイプの裏側の肉を切らないような注意も必要なので、普通の切断に比べてより神経質な制御が必要です。これも精密なレーザ加工（微細加工）の応用だと言えます。

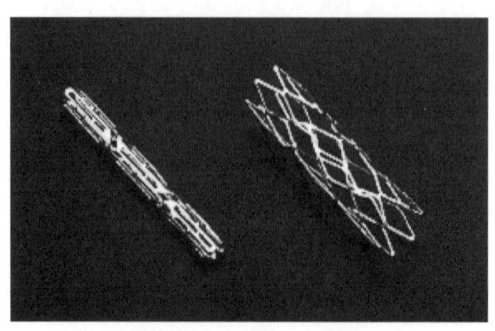

図7-4　ステントの例

7.3 レーザ曲げ

　レーザを使って曲げ加工をすることもできます。まだ応用よりも基礎研究に重点がおかれている段階ですので、論文や学術発表[6]でその成果を容易にみつけることができます。レーザを使った曲げは、曲げたい部分をレーザでなぞります。なぞった箇所はレーザの熱で熱変形し、次第に変形して行きます。これを繰り返すことで所望の形状に変形させていくのがレーザ曲げです。概念の模式図を図7-5に示します。

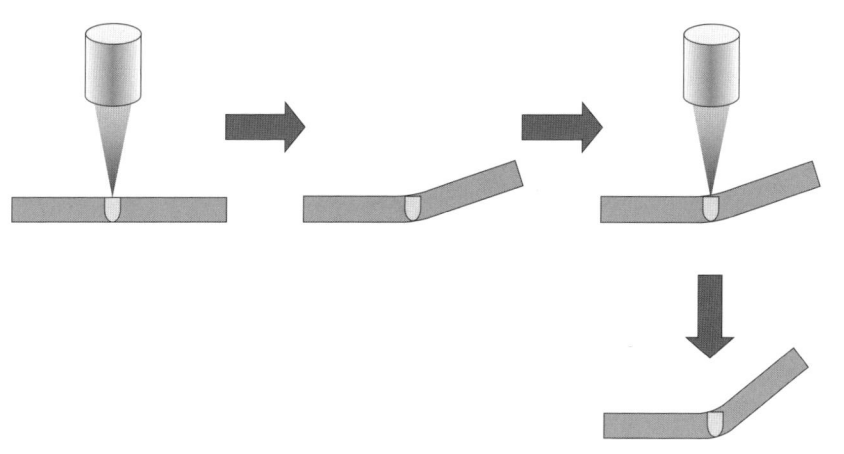

図7-5　レーザ曲げの原理概念図

　レーザ曲げの最大の特徴は、非接触であることと、精密にねらった場所にエネルギーを与えられるので微細で精密な曲げや複雑な形状の曲げに応用できることです。この特徴を生かし、実際のものづくりに応用する動きもあります。たとえば図7-6や図7-7のようにレーザを使った曲げ（レーザフォーシング）を使って形状をつくる会社も現れています[7]。

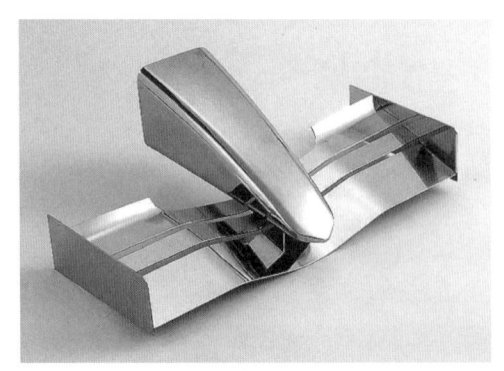

図 7-6　レーザフォーミングによる F-1 のフロントスポイラーの模式例

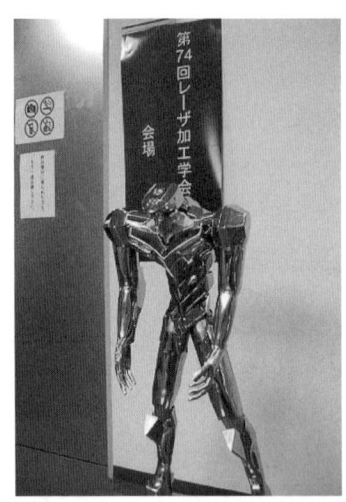

図 7-7　レーザフォーミングを使ったフィギュアの作例[8]

　現在いろいろな部品がどんどん小さくなってきているので、金型で小さい部品を打ち抜く加工に代わって、レーザが微細に曲げ整形する時代が来るかもしれません。

7.4 レーザアブレーション

　レーザアブレーションとは、高強度、短パルス、短波長のレーザを無機・有機物あるいは金属といった固体の表面に照射する時に発生する吸収熱による蒸発や多光子吸収によりプラズマ発光と衝撃音を伴った固体表面相の爆発的な剥離のことです。この方法は高結晶性、高特性の強誘導電帯薄膜を作る際などに適用される方法です。薄膜の材料であるターゲットにレーザを照射してターゲットの一部を剥離させ、それを基板の上に堆積させて薄膜を作ります。

　特徴としては、レーザパルス数やエネルギーの調節で瞬時に成膜コントロールができることや、成膜装置の内部はシンプルであり、ターゲットのみを照射するために薄膜への汚染が少ないこと、非常に高速の成膜が可能であるなどがあげられます[9]。

　今後薄膜を作る技術の1つとしてレーザアブレーションも重要度を上げていくものと考えられます。

7.5　レーザを使った医療

　第1章で少しばかりレーザの医療応用の代表例として、レーザメスによる切開や網膜治療、シミ・ホクロの消去などを紹介しました。他にもどのような用途にレーザが使われるのか、いくつかの例をここでは紹介します。

　現在、レーザを使った治療では、メスのような外科的手術の切開が可能です。また、シミやアザの消去や永久脱毛のような特定の組織や細胞の破壊も可能です。さらに、椎間板ヘルニアの手術（主に飛び出した軟骨を除去する）のように比較的大きな組織を蒸散させることも行われているようです。また、レーザで熱を加えることでガン細胞を死滅させるなどの温熱作用・光化学療法として使われることもあるようです。

　一方、剥がれかけた網膜を接合する治療のような光凝固作用を用いた治療もあります。眼の治療では近年「レーシック」と言われる治療を聞いたことがある方も多いかと思いますが、これも立派なレーザを使った眼科治療です。レーシックは角膜にエキシマレーザを照射することで一部を蒸散させて曲率を変えて近視を矯正する手法です。

　レーザを使った医療はこれまでの外科的な切開手術などに比べて体への負担が小さいとか手術が速いなどの特徴があり、現在進行形で応用が広がっています。そのため、将来は「ガン治療などの難病の治療で活躍」とか「診断や測定への活用」のような期待が持たれている分野です[10]。

　なお、レーザの医療については、レーザの知識以上に医学的な知識や技術が特に要求されます。そのため、この方面の応用を検討中の方は、医師等の医療の専門家にもよく相談されることをお勧めします。

7.6　レーザによる工芸

　場合によっては、レーザを使って製品の表面や内部に絵柄や文字などを描くことで美術的価値を高めることがあります。特に製品表面に絵柄を描くこと自身は既に紹介したレーザマーキングと大差はないのですが、ここでは美術価値を付加したということで、単純に工業的／管理的な意味しか持たない記号や柄を刻印するマーキングとは形式的に分けて考えておきます。

　既に第1章の図1-18でも紹介したように、レーザを使った工芸は、彫刻のような表面を加工するタイプがあります。加工する材料は金属以外にも木材などを加工することもあります。実は木材のレーザ工芸加工は、レーザ切断やレーザ溶接の実用よりも早くからあったようで、1970年代から金属マスク越しに木材へ照射されたレーザが模様を彫刻していた例[11]もあるようです。

　また、近年では写真の点描画をレーザで行う例もあり、パルスレーザを材料に直接照射することで写真を点描画していくこともあるようです[11]。これは、白く明るい所はレーザでの点描の密度を高くし、黒く暗い部分は点描の密度を低くすることで表現するようです。レーザでの点描は、レーザがよく絞れる特徴から非常に緻密な描画可能なので、これから注目されると思われます。

　一方、ガラスのような透明な材料にはレーザの波長によっては、材料を透過して材料内部で焦点を結ぶことが可能なものもあります。この性質を使って、材料の内部に意匠を描画するタイプのレーザ工芸もあります。これについても、既に第1章の図1-19で例を紹介していますが、3Dで形状を表現しているものも、2Dの平面的な描画も基本的には同じ方法で加工されています。2Dの描画は、焦点を結ぶ材料内の深さが一定の平面画なので、レーザを照射する位置をx-y平面で動かして照射することで描画することになります。しかし、3Dの時は図7-8に示すよ

うに 3 次元の物体のデータを 2 次元のデータに分解し、深い層から順次 2D 画像を書いていく方法で加工されます。このように材料の表面を傷付けずに内部だけを加工する方法は、レーザならではの加工ということができると思います。

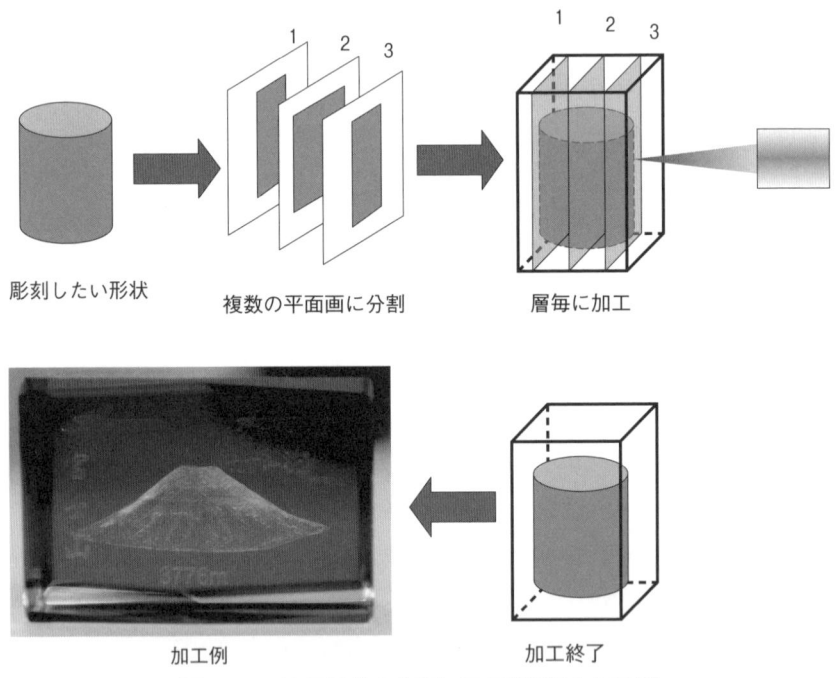

彫刻したい形状　　複数の平面画に分割　　層毎に加工

加工例　　加工終了

図 7-8　3 次元形状の内部加工の概念図と加工例

7.7 レーザと他の加工とのハイブリット

　ここで紹介するのは、レーザ切断やレーザ溶接を改良した例です。レーザ切断やレーザ溶接には多くの長所がありますが、同時に短所も少なからず持っています。他の加工とのハイブリット（混合）によって、その短所を補うことができる場合もあります。ここではそのような混合する事で更なる特徴を生み出したレーザ加工を紹介します。

7.7.1　ウォータージェットとレーザ切断の組み合わせ

　既に第4章で紹介したように、レーザ切断はレーザの熱によって材料を溶融し、溶融した材料を吹き飛ばすことで切断していました。しかしながら、切断した面の近傍は材料の融点近傍まで加熱されるので、図7-9のように熱影響を受ける部分が必ず発生します。

　しかし、ウォータージェットの中にレーザを通すことで、周囲に与える熱影響を減少させることができ、加工するビーム径もウォータージェットが維持できる長さまで同じ幅をキープすることができる方法があります。この方法は開発したSYNOVA社[12]ではレーザ・マイクロジェットと呼ばれているようです。この方法の原理図を図7-10に示します。このようにウォータージェットとのハイブリットでレーザ切断の欠点を補うことも行われています。

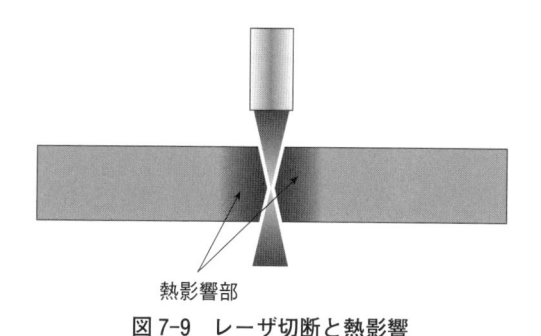

図7-9　レーザ切断と熱影響

（熱影響部）

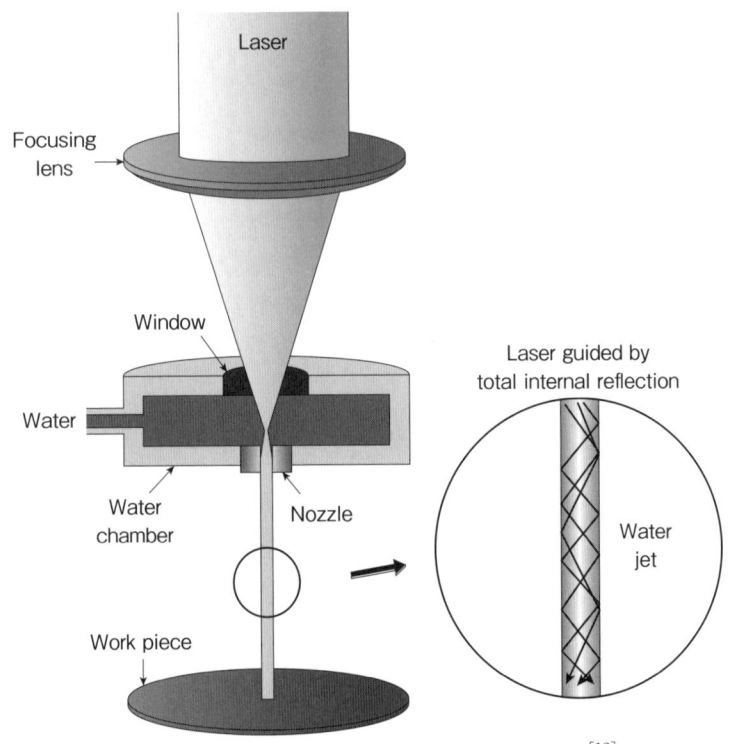

図 7-10　レーザ・マイクロジェット法の原理図[12]

7.7.2　アーク溶接とレーザ溶接の組合せ

　レーザ溶接はビード幅が狭く、溶込み深さの深い溶接が可能であり、入熱が小さいので熱変形や熱影響分が小さいという特徴があります。しかし、レーザ溶接の短所として、溶接部の段差や隙間や目違い等があった場合、溶接の品質が悪化する（程度によっては溶接が不能になる）短所があります。
　しかしながら、アーク溶接では、溶接速度や溶込み深さ、ビード幅の狭さではレーザに及ばないものの、溶接部の段差や隙間や目違いについては、レーザ溶接よりも寛容という美点があります。そのため、「レーザ溶接とアーク溶接を重畳することで双方の長所だけを取り出したよう

な溶接方法にならないか？」というのがこのレーザとアークのハイブリットの原点です。この方法はこれまで多くの研究がされており、最近では、図7-11のようにレーザとアークが同軸で入る集光ヘッドを開発して販売している企業もあります。

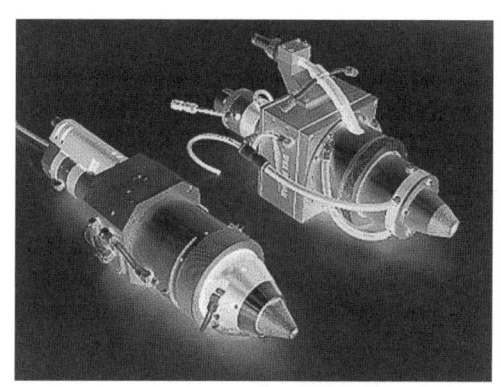

図7-11 レーザ・アークハイブリット溶接用集光ヘッド（YAG-MIG）の例[13]

このハイブリット溶接では、レーザの深溶込みと速い溶接速度を維持しながら、板厚の違う板を突き合せた多少の目違い状態でも良好な溶接が可能になっており、レーザとアークの長所を生かしたハイブリット溶接法だと言えます。このような技術によって、レーザ溶接がさらに溶接の現場でも使い良い方法になり、これまで以上に適用が増えていくかもしれません。

7.7.3 レーザ2本での加工

レーザ溶接ではレーザの照射箇所に細い幅で深さ方向に大きなキーホールができるのが特徴です。ですが、このキーホールはレーザの照射による激しい蒸発によって形成されており、そのため非常に不安定なものです。しかも、この激しく不安定なキーホールの挙動は、時として気泡を溶融池に放出し、ポロシティを残留させる原因にもなります。

そのため、レーザ照射箇所に別のレーザを照射し、キーホールの開口部を広げ、キーホール内の蒸発圧力を上手く逃がすことで、キーホール

を安定させ、気泡の発生を抑制するような研究[14]もあります。2本のレーザをどのようなレイアウトで照射するかによって結果に差があるようですが、ちょうど良いセッティングではキーホールの挙動は安定し、気泡の発生が抑制された良好な溶接ができるようです。

　一方、レーザ溶接でよく使われるYAGレーザやCO_2レーザは、波長が1.06～10.64μmと長く、赤外線レーザとして有名です。しかし、波長の長いレーザは、固体の銅のような物質に対してほぼ100％反射してしまうため、銅のレーザ溶接は事実上困難とされています。しかし、YAGレーザの第2高調波（波長が532nm）は固体の銅に対する吸収率は60％近くあります。そのため、「出力の弱いYAGレーザの第2高調波で銅を溶かし、大出力が出せるYAGレーザ（基本波）で熱を与える」のような考え方で、2本の違った波長のレーザをハイブリットすることも研究[15][16]されています。この研究では波長の違うレーザを2本使うことで、銅に対して鋼の溶接時のような深溶込み溶接が可能になっているようです。

　このようにレーザ1本では困難なことも、さらにもう1本加えることでレーザ溶接の可能領域を拡大することができ、それによって、今後さらにレーザによる加工が拡大していくものと思われます。

7.8 レーザがアシストする加工

前節では、レーザと他の加工をミックスすることで加工自身の改善やレーザで加工できる領域を拡大するような例をいくつか紹介しました。ここでは逆にレーザが他の加工をアシストするようなレーザの使用例を紹介します。

7.8.1 レーザ・プラズマ複合溶射

溶射とレーザの組み合わせで、溶射のみの施工に比べて緻密で頑丈な皮膜を製膜可能になることがあります。溶射とは、図 7-12 に示すようにプラズマ炎等で溶融した粉末の金属が材料表面に吹き付けられて堆積することで耐熱や耐摩耗のような機能を持った皮膜を作るプロセスです。

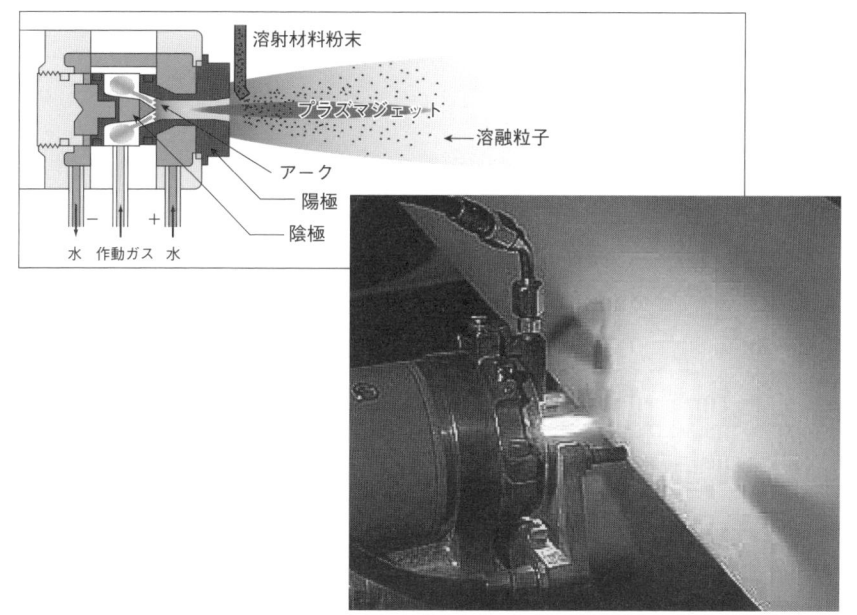

図 7-12　プラズマ溶射の原理図と写真[17]

しかしながら、図 7-13 に示すように、溶射する部分をレーザで照射することにより、溶射（レーザ照射）箇所が短時間に超高温状態になり、溶融粒子の完全溶解と皮膜 − 母材間の元素拡散が促進される結果、皮膜の密着性と緻密性が飛躍的に向上します。このようにレーザを重畳する、もしくはレーザでアシストすることで、溶射膜の性能改善をする研究は、他にも行われています[18]。また、日本溶射学会[19]の HP でも溶射について紹介されているページ[20]でレーザ溶射やレーザ・プラズマプラズマ複合溶射について解説されています。

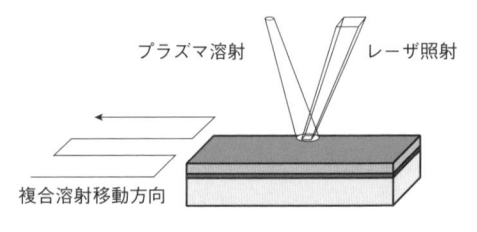

加工点の写真　　　　　　　　　　加工点のレイアウト

図 7-13　レーザ・プラズマハイブリット溶射の例[21]

7.8.2　レーザ支援でコーティングの改善

　レーザがアシストすることで良好な効果が出るのは溶射だけではありません。たとえば、産業技術総合研究所では、インクジェットを使って微細な導体パターンを描くことを研究していますが、単にインクジェットだけで描画するのでは、微細なパターンにも限界があり、様々な技術課題もあるようです。そこで、インクジェットと同時にレーザも描画中の箇所に照射することで、アスペクト比（配線厚／配線幅）が 1 以上で線幅 10 μm 以下の微細導体パターンを 10mm/sec の速さで描画することに成功しています[22]。この方法をレーザ援用インクジェット（LIJ）法と言い、更なる研究を進めているようです。また、同じく産業技術総合研究所では、エアロゾルデポジション法（AD 法）を用いた皮膜の研究も進めていますが、AD 法にレーザを援用することで、基材の熱ダメ

ージを抑えたセラミックス厚膜の熱処理[23]についても研究を進めています。なお、レーザを併用することで新たな効果を得る試みは産総研以外でも何例か見られます[24][25][26]。

　このように、レーザを主力として使うあるいはアシストとして使うことで溶接や切断だけでなく、様々な加工においても良好な効果や可能性の拡大が見られる例は今後も増えると思われます。レーザを上手く使うことでいろんな「できなかったこと」が「できること」になりつつあるので、これからもレーザの応用は拡大し、重要なツールの一つになるでしょう。次の有力なレーザの応用加工を発明するのは、この本の読者である貴方かもしれません。

■参考文献

［1］株式会社レーザックス；http://www.laserx.co.jp/processing/others/others.html
［2］東成エレクトロビーム株式会社；http://www.tosei.co.jp/technology/laser_case_0405.html
［3］東成エレクトロビーム株式会社；http://www.tosei.co.jp/technology/laser_case_0303.html
［4］(独)産業技術総合研究所プレスリリース "毛髪サイズの極細金属管を複雑形状に加工できる装置を開発"；http://www.aist.go.jp/aist_j/press_release/pr2009/pr20090326/pr20090326.html
［5］窪田、横溝、山下 "レーザ加工を利用した微細医療部品の試作技術"；http://www.pref.okayama.jp/sangyo/kougi/publishment/report/pdf/2006/H19-9-33-20.pdf
［6］沓名、伊藤、中村「各種金属のレーザ曲げ加工における塑性変形領域―レーザによる金属素材の非接触成形加工の基礎研究（第7報）」溶接学会全国大会講演概要　第67集　p.392-393（2000）
［7］大田産業株式会社；http://www.ohtasan.co.jp/lot.htm
［8］太田、岸本、三須「ステンレス製フィギア製造におけるレーザ加工の応用」、第74回 レーザ加工学会講演論文集、p.203-207（2010）
［9］レーザアブレーション法とその特徴　日本大学理工学部電気工学科放電・レーザ研究室；http://www.las.ele.cst.nihon-u.ac.jp/tio2/laserablation.htm
［10］NPO法人日本臨床医療レーザー協会；http://www.mla-jp.com/
［11］新井武二「絵ときレーザ加工の基礎」日刊工業新聞社、p.155-158（2007）
［12］SYNOVA；http://www.synova.ch/japanese/synova.htmlおよび同社レーザ・

マイクロジェットの紹介ページ；http://www.synova.ch/japanese/products/technology_introduction.htm
[13] 三菱重工業株式会社；http://www.mhi.co.jp/ および同社レーザハイブリット溶接システムの紹介ページ；http://www.mhi.co.jp/products/detail/arc_and_laser_hybrid_welding.html
[14] 柴田、岩瀬、坂元、瀬渡、松縄、B. Hohenberger, M. Mueller, F. Dausinger「透過X線観察によるアルミニウム合金のツインスポットビーム溶接におけるキーホール挙動に関する研究」溶接学会論文集　第21巻　第2号、p.204-212 (2003)
[15] 松縄、竹本、片山「異波長重畳レーザビームと物質間の量子的・熱的相互作用」2001年度　研究成果報告書
[16] 片山、水谷、松縄「異波長重畳レーザによる薄板重ね溶接特性」、溶接学会全国大会講演概要　第69集、p.38-39 (2001)
[17] 日本コーティング株式会社；http://www.nipponcoating.co.jp/02process/plasma.html
[18] 一般財団法人近畿高エネルギー加工技術研究所の研究開発の紹介ページ；http://www.ampi.or.jp/labo/index.html
[19] 梅原博行、レーザアシスト溶射による硬質膜の作製、アルミニウム研究会誌、6号、p.100-101 (1995)
[20] 日本溶射学会；http://wwwsoc.nii.ac.jp/jtss/index-j.htm
[21] 日本溶射学会の溶射の解説ページ；http://wwwsoc.nii.ac.jp/jtss/about_ts-j.htm
[22] (独)産業技術総合研究所 "先進コーティングプラットフォーム　レーザ援用インクジェット法について"；http://unit.aist.go.jp/amri/coating_platform/activity/lij.html
[23] 馬場、明渡「レーザー援用エアロゾルデポジション法による基材の熱ダメージを抑えた電子セラミックス厚膜の熱処理プロセス」、粉体および粉末冶金 Vol. 56, No. 4 April p.177-182 (2009)
[24] 早稲田、土井、Budi、吉村、能崎、松山「パルスYAGレーザを用いたTb-Fe薄膜パターンの熱アシスト磁化反転」第31回日本応用時期学会学術講演回概要集、p.1 (2007)
[25] Z. Y. Chen, J. P. Zhao, T. Yano, T. Shinozaki, and T. Ooie, "Structure and properties of carbon nitride thin films synthesized by nitrogen-ion-beam-assisted pulsed laser ablation", National Institute of Advanced Industrial Science and Technology J. Vac. Sci. Technol. A 20(5), Sep/Oct2002, 1639-1643
[26] 中山 "イオンビームを用いたCNx薄膜の合成"；http://www.rada.or.jp/database/home4/normal/ht-docs/member/synopsis/010275.html
[27] "CIGS太陽電池で変換効率18.8%を達成、LAD法によりSe分子を分解" EE Times Japanの記事；http://eetimes.jp/ee/articles/0908/24/news081.html

8章 レーザ加工時の安全確保

　前章までに紹介して来たように、溶接を行ったり切断を行うなど、レーザを使うことで材料に対して様々な加工ができることがお解かりいただけたかと思います。

　ここで少し思い出してみましょう。レーザ切断を例にとって考えますが、レーザ切断の切断品質と加工速度を我々人間が鋸引きのような手動の加工で真似をすることはできるでしょうか？　厚さ数センチの鉄板でも毎分数メートルの速度で切断できるレーザ切断の真似は、当然のことながら人間には真似できません。それは考え方を変えると、「レーザはそれだけエネルギーを集中したエネルギー源で、使い方を間違えると非常に危険な事故を起こす」ことの証拠でもあります。

　実際、レーザ光による事故は残念ながらいろいろと起きており、特に作業員の目にレーザが入射することによる失明など、重大な事故を起こすこともあります。いくら便利で効率的なレーザ加工と言っても、このような事故を起こす危険性を放置したまま産業で使うことはできません。そのため、JISなどによって、レーザはその発振する光のエネルギーによって危険度がクラス分けされていますし、その強さに応じて必要な安全確保の方法や注意事項などがいろいろと取り決められています。

　失明のような不幸な事故を起こさないためにも、レーザ加工をする際には、最低限の「光に対する防御」や「光の危険性」を知った上でそれらを実践していく必要があります。

したがってこの章では、前章までのレーザ加工に関するお話よりも、レーザ加工時に注意しておくべき安全確保のために有効な情報や取り決めなどについて紹介します。

8.1 レーザの安全確保に係わる JIS など

まず、レーザの安全を話す上で紹介したい JIS があります。それは、JIS C 6802 と呼ばれる JIS です。この JIS は「レーザ製品の安全基準」というタイトルが付いています。最近はインターネットで JIS を検索して閲覧することができるので、実際にレーザを使われる方は http://www.jisc.go.jp/app/JPS/JPSO0020.html にアクセスして、C 6802 を検索して詳細を閲覧することをお勧めします。

この JIS は 100 ページ近い長編の JIS なのですが、波長 180nm 〜 1mm のレーザを発振するレーザ装置の安全に付いて記載されています（この「レーザ装置」で定義されているレーザ装置は非常に広範なレーザ装置が対象になる書き方をしていますので、レーザ加工機やレーザ加工システムなんかも適用の範囲内です）。適用範囲や引用規格、用語の定義などを述べた後に、技術的仕様として、いろんな仕様が書かれています。

特徴としては、レーザの強さによって危険性がクラス分けされており、強力なレーザについてはレーザ光の被曝を防ぐために保護筐体やインターロックを設置し、保護眼鏡の使用、レーザの被曝をしない位置に制御部を置くこと、レーザの発射光や散乱光の恐れのある場所には**図 8-1** のような警告を明示すること、レーザ光が出ている部分への立入に関する対策の実施など、安全対策を義務付けていることが挙げられます。

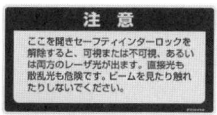

図 8-1　レーザの警告表示の例

　レーザ溶接をはじめとするレーザ加工機は、一部の機械を除いてほとんどが最も危険とされるクラス4になります。クラス4のレーザ装置は、直射光はもちろんのこと、何かの物体に当って反射して来た反射光でも火傷や失明、場合によってはそれよりも重篤な被害を及ぼすことがありますので、JIS C 6802では特に厳しくその安全に付いて書かれています（なお、レーザのクラス分けについては、加工機としてしか使わない人に取っても重要な項目なので、次の節でもう少し取り上げます）。

　また、日本の JIS C 6802 などの安全基準は、海外のレーザの安全基準などを参考にしてそれらに対応するために改正されることもあります。そこで、海外での基準についても名前だけ紹介します。関心のある方、さらに深く知りたい方はぜひこれらも参照してください。アメリカでは、ANSI（米国規格協会）にある「ANSI Z 136.1（レーザに関する安全な使用）」という基準を使っています。また、国際電気標準会議（IEC）が定める規格（いわゆる IEC 規格）でもレーザの安全に関する項目はあります。たとえば、「IEC60825-1（Safety of Laser Products）」は次節で取り上げるレーザのクラス分けのもとになっているような規格です。関心のある方は是非ご参照ください。

　最後に紹介したい参考書があります。レーザの安全について図 8-2 の『レーザ安全ガイドブック』というタイトルで財団法人 光産業技術振興会が編集した本があります。先述の JIS C 6802 の重要な項目やそれに

関連する情報などがまとめてられています。さらに詳しく知りたい方は是非この参考書も見てください。

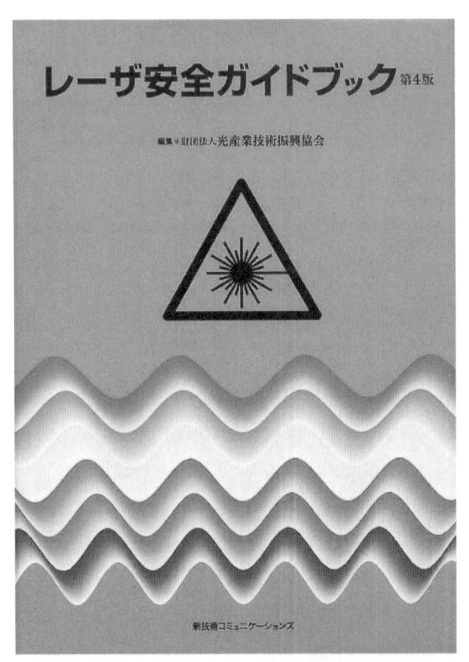

図8-2 『レーザ安全ガイドブック』光産業技術振興協会 編／アドコム・メディア／ ISBN：978-4-9158-5132-2

8.2　レーザの危険性とクラス分けによる管理

　前節の JIS C 6802 の紹介でも述べたように、レーザ光はその強さによって人体などに重大な損傷や障害を発する危険性がある危険物です。そして、その危険性をレーザの強さに応じてクラス分けして管理しています。このクラス分けは、最も危険とされているクラスのレーザを搭載する機会の多いレーザ加工機でもしばしば見かける情報で、加工中の安全を確保する上でも知っておくことは非常に重要ですので、ここで改めて紹介します。

　レーザのクラスはクラス1～4の4種類に分けられています。クラスの番号が大きくなればなるほど所謂「危険なレーザ」になります。現在2011年に改正された最新の JIS C 6802 によると、この4種類のクラスは更に細かく区分されており、クラス1がクラス1とクラス1M、クラス2がクラス2とクラス2M、クラス3がクラス3Rとクラス3B、クラス4はクラス4のみの7段階に区分されています。それをまとめた表を**表8-1**に示します。クラス1Mや2Mは、もともとクラス1、クラス2の一部だったのですが、「レンズ系を使って観察しない場合は安全だが、レンズで集光したものを観察すると危険である」ということで新しく設けられたクラスです。

表8-1 2011年時点でのJIS C 6802によるレーザのクラス分けとその性質

クラス	特徴	警告ラベルの必要性
クラス1	出力は0.39mW以下で、予知できる条件の下では安全なレーザ	不要
クラス1M	波長：302.5nm〜4000nmで出力は0.39mW以下だが、予知できる合理的な条件の下（例えばレンズ系を用いてレーザー光を観察するなど）であれば裸眼で安全なレベル	必要
クラス2	可視光（波長：400〜700nm）で出力は1mW以下のもので、瞬きなどの目の嫌悪反応で安全なレベル	不要
クラス2M	レーザの放射レベルはクラス2と同じで、可視光(波長：400〜700nm)で出力は1mW以下なので、レンズ系を用いて観察することがなければ、瞬きなどの目の嫌悪反応ができれば安全なレベル。しかし、レンズ系を用いて観察すると危険	必要
クラス3R	レーザの出力は可視光の場合はクラス2以下、不可視光の場合はクラス1の出力の5倍以下のレーザ	必要
クラス3B	レーザの出力は0.5W以下のレーザ。直接または鏡面反射した光を見たり触れたりすると危険なクラス	必要
クラス4	レーザの出力が0.5Wを超える高出力のレーザ。直接または鏡面反射した光だけでなく散乱光も危険で、これらは皮膚障害、火災を発生させる危険もあるクラス	必要

　この表からもわかるように、出力が0.5Wを超えるとクラス4のレーザになり、表に書いてあるように、正反射光や散乱光でも危険で、目にはいると失明や視力障害を起こし、皮膚に当れば火傷や損傷を起こし、可燃物に照射されるとそこから発火して火災の原因にもなります。そして、レーザ溶接機やレーザ切断機をはじめとして、この本で紹介して来たレーザ加工をする機械は、殆どがこの0.5Wを超える出力を持っています。そのため、レーザ加工機を扱うということは、一番危険なクラスのレーザを扱うことに等しいので、特にレーザ光による事故には注意をする必要があります。

　次節では、レーザに対する注意について紹介します。

8.3 レーザから身を守る方法

　レーザ発振器では、既に説明したように、レーザ光を発生させて増幅し、位相の揃った光が発射光から出射します。そして、出射後も、集光系などを通る間にミラー等で反射したり、レンズ等によって拡大されたり、平行光になったり、ある焦点に集光されたりします。また、レーザの波長や用途によってはミラーやレンズを使わずに光ファイバーにレーザを入射させて伝送することもあります。

　発振器から出る所までは、発振器の筐体の中での出来事なので、発射口を覗き込んだり発振中に発振器の筐体の蓋を開けたりしない限りクラス4の最も危険なレーザであっても直接レーザ光を見ることはありません。しかし、発振器を出てからの光学系を独自に組み立てたり改造したりする場合、独自の光学系へレーザを入れる部分などレーザの光路がカバーなしの露出状態なる場合が少なくありません。もし、このように露出した部分を持つレーザシステムで何かしらのトラブルがあって、レーザ光が予期せぬ反射や散乱をした場合、露出している部分の周囲にレーザ光をばら撒くことになります。そのばら撒かれたレーザが強力なレーザだった場合は、その場にいる作業者や実験者が非常に危険な状況に晒されることになります。

　そこで、そのような危険に晒されないためにも、晒された場合でも被害を抑えるために、レーザ光から身を守る方法をここで紹介しておきます。

8.3.1　レーザ光の光路を覆う

　図8-3は市販されているレーザ切断機の写真の例ですが、集光レンズや反射ミラーといった光学系が剥き出しに付いていません。このようなレーザ切断機では、切断する材料のセッティングやメンテナンスなどで作業者がレーザ切断機のレーザ出射口のすぐそばで作業することがあり

ます。

図 8-3　市販されているレーザ切断機の例[1]

　レーザ切断では数百ワットから数キロワットの出力のレーザを用いるので、この切断機の光路は常に強力なレーザが通ることになります。そのため、もし、集光光学系などが剥き出しで付けられていた場合、作業者は反射光などを直接見る可能性が高くなります。そこで、光路を図8-3の写真のように完全に覆ってしまった場合、少なくとも集光レンズや反射ミラーでの予期せぬ反射光や散乱光を見る可能性は激減します。
　つまり、余計な光を見ない工夫として、「**光路を覆う（遮蔽）ことは非常に有効**」であると言えます。これは、先に紹介した JIS C 6802 にも書かれており、クラス4のような強力なレーザでは、保護筐体は十分に頑丈で保護筐体のパネル（アクセスパネル）はセーフティ・インターロックを付けて不容易に開閉した場合はレーザがシャットダウンするような仕掛けを義務付けています。図8-4に筆者の実験室にあるレーザのインターロックの写真を例として示します。

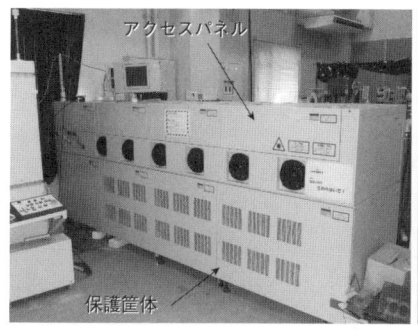

図中ラベル：
- アクセスパネル
- 保護筐体
- レーザ発振器全景
- アクセスパネル開の状態
- インターロック（露出すると発報）

図8-4　クラス4のレーザの保護筐体とインターロックの例

8.3.2　レーザ光の出ている場所と出入りする人を限定する

　レーザ光は1秒で地球を7周半も走ることができるので、何の制限もなく飛び回っていては、いつどこで誰に当たるかわかりませんし、何より危険極まりないです。そこで、レーザ光の発射をする場所を限定し、その部分を管理するということが安全管理上では非常に重要です。

　まずは、図8-5に筆者の実験室にあるレーザの発射口付近の写真を示します。筆者の実験室の場合、レーザ光を図のような小さい箱の中で発射するようにしており、発射中は箱の蓋を閉じている形で実験をします。こうすることで、危険なレーザは小さな箱の中だけしか出ていないことになり、箱の外にいる人は安全が確保できます。

8.3　レーザから身を守る方法

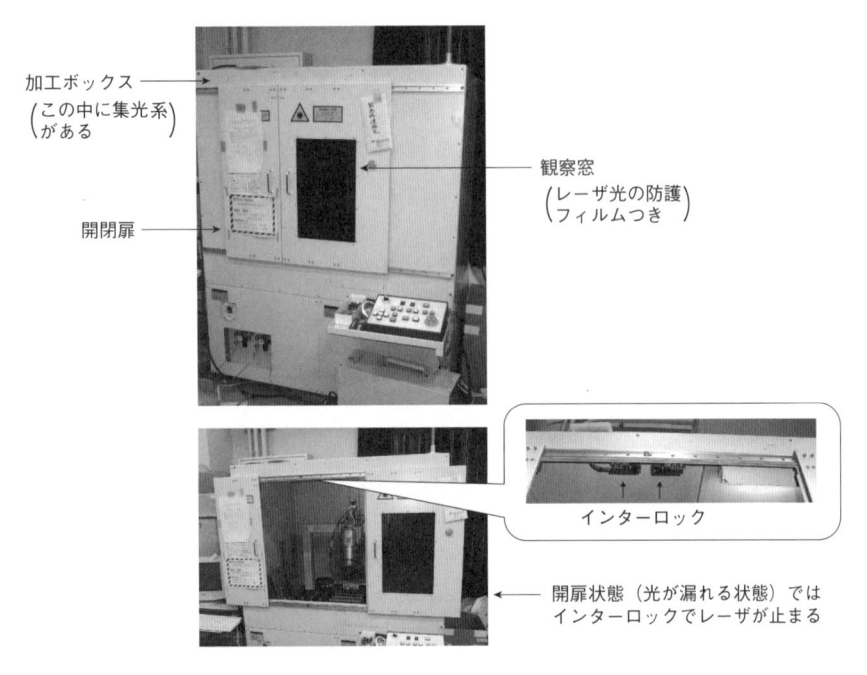

図 8-5 レーザ発射部分の管理の一例

　レーザ溶接やレーザ切断を使って製品を作る場合には、寸法などの制限から、図 8-5 のような箱で密閉することが難しいとも考えられます。そのような場合は、加工機の周りをパテーションで囲ってパテーション内部への立ち入りは関係者のみに制限するなどの方法が有効です。こちらの場合、立ち入った作業者にもどこがレーザの発射口か等がわかるように、レーザの発射口や注意を要する場所には図 8-1 で示したようなレーザの警告表示がされていることが必要です。

　このように「**極力狭い範囲でレーザの出ている場所を管理し、必要に応じて出入りする人も管理する**」ことで予期せぬ反射や散乱から身を守る事は安全確保に直結しています。

8.3.3　レーザ光を見ない策をうつ

　光路の露出やレーザ光の出ているエリアをどれだけ管理しても、最後

にレーザの被害から身を守るのは作業者自身の注意に拠ります。まず、大事なのはレーザの作業をする場合には図 8-6 に示すようなレーザ光を通さない保護眼鏡をかけるなどで目や体を守るようにしましょう。保護眼鏡で遮蔽できるレーザの波長は決まっていますので、YAG レーザには YAG レーザ用の、炭酸ガスレーザには炭酸ガスレーザ用の眼鏡をかけることが重要です。遮蔽できる波長とレーザ光の波長が違う眼鏡をかけていても防御能力はありませんので注意してください。

図 8-6　レーザの保護眼鏡の例[2]

　そして、何かの拍子に作業者が反射光等で自分の皮膚を焼くなどのトラブルが起きることもあります。レーザ加工用のレーザは可視光ではない物が多いので、肉眼でみてレーザが自分に当っているかどうかはたいてい判断できません。そのため、できるだけ肌露出の少ない服をきることも大事な自己防衛です。作業の衣装は化学繊維ではなく、木綿などの一気に燃えたりしない布が良いでしょう。
　また、一般に金属は光を反射しやすい特徴を持っています。特にネックレスや指輪、イヤリング、意匠性の高い腕時計などは金属の表面を研磨して鏡のようになっているものも珍しくありません。これらの宝飾品を付けたままでレーザ光の下で作業することは自殺行為に近いです。指輪などにレーザが当った場合、指輪でレーザが反射し、どの方向へ反射するかまるで想定できませんし、作業者自身に向けて反射し、作業者がレーザを見たり浴びたりするなどして重大な負傷をすることもあります。

さらに、レーザ光が紙等の燃えやすい物に当たった場合、場合によっては出火します。そして、油や可燃ガスのような一気に燃える物にレーザが当っていた場合、爆発の危険もあります。そのため、レーザ出射口のそばに可燃物を置かない／持ち込まない、ということも自身の安全を確保するためには注意すべきところです。

このように、**保護眼鏡をかける、肌露出の少ない服をきる、金属宝飾品を付けたままでレーザ光の下で作業しない、レーザ出射口のそばに可燃物を置かない**、などの「レーザ光を見ない策をうつ」ことは安全確保の最後の防衛線です。

8.3.4 レーザ加工の作業環境にも注意する

レーザ溶接やレーザ切断では、ヒュームと呼ばれる金属の微粒子が作業場に大量に発生することがあります。これを長期間大量に吸引すると、健康障害を起こすことがあります。そのようなトラブルを避けるためにも作業場の換気やヒュームの回収機を付けるなど、作業環境に対する安全確保も重要です。

また、例えば炭酸ガスレーザで加工するのに、炭酸ガスレーザの反射率が100％に限りなく近い銅をレーザ加工する、というような確実に大量のレーザが反射することがわかりきっている危険な照射はわかった時点でできるだけ避けるなど、作業環境が危険になりそうなことはできるだけ避けるようにすれば作業環境の安全は大きく改善されるでしょう。

■参考文献

[1] 小池酸素のレーザ切断機；http://www.koike-japan.com/jp/products/data-sheet/LASERTEX-20Z/
[2] シグマ光機の保護眼鏡；http://www.sigma-koki.com/index_sd.php?lang=jp& smcd=C040305

おわりに

　本書はこれからレーザ溶接やレーザ切断などのレーザ加工に関する情報を収集した実用書として執筆しましたが、読者の皆様のお役にたてる情報が少しでも取り上げることができていたら、筆者としては光栄の限りです。

　まずは、数あるレーザの専門書の中から本書を選び、ここまで読破していただいた読者の皆様に厚く御礼申し上げます。冒頭の「はじめに」でも述べましたが、レーザ加工はまだまだ新しい加工で、これからどんなことがレーザを使ってできるようになるのか、またどんなレーザを使った応用技術や加工技術が生まれるのかなど、誰にも読めない未知の可能性がたくさん詰まった加工であると考えられます。本書が読者皆様のこれから挑戦しようとするレーザ加工やレーザの応用において、手引きやヒントのような役割を果たせましたら幸いです。

　また、本書は筆者の知恵と技術だけで書き上げられたものではなく、多くの方のご好意とご協力によって達成できたものであります。本文中にも多くのレーザを使った応用例や製品の写真があったかと思いますが、これらの写真やデータを提供していただいた、もしくは掲載許可を快諾いただいた企業・団体の皆様に感謝いたします。皆様の協力無しに本書は成立いたしません。厚く御礼申し上げます。

　そして、筆者にレーザ溶接の面白さを教えてくださり、レーザに関する様々な知識を付けてくださった大阪大学の片山聖二教授、故・松縄朗名誉教授にこの場を借りて心より感謝いたします。先生方無しに今の筆者は存在しません。ありがとうございます。

　また、筆者が所属する産業技術総合研究所の皆様にもデータの提供や様々な協力等多方面においてご協力いただきました。順不同で恐縮ですが、明渡純氏、伊藤哲氏、碓井雄一氏、岡根利光氏、小木曽久人氏、尾

崎浩一氏、梶野智史氏、廣瀬伸吾氏、松木則夫氏をはじめとする筆者に関連する各位に厚く御礼申し上げます。

さらに、筆者の生活を支えてくれた筆者の両親をはじめとする家族の皆様にこの場を借りて感謝致します。

最後になりましたが、遅筆で締切を守らないルーズな筆者を常に支え、本書の出版まで多大なご尽力をいただきました株式会社技術評論社の第3編集部の皆様に厚く御礼申し上げます。皆様の協力無しに本書の出版はありえませんでした。本出版の初心者である筆者をいろいろとサポートしていただき、ありがとうございました。

筆者は引き続きレーザ加工の研究にも携わっていこうかと考えています。皆様とまたレーザ加工のことで議論したり、新しいレーザ加工の技術で情報交換がしたり日が来ることを楽しみにして、ここで筆を置くとします。

2012.8
著者記す

索引

英字
ANSI Z 136.1 ……………159
ANSI（米国規格協会）………159
CD ……………………………23
CO_2レーザ ……………37,152
DVD …………………………23
Geusic ………………………38
IEC60825-1 ………………159
JIS ……………………157,158
JIS C 6802 ………………
　　　158,158,159,161,162
LASER …………………………7
Patel …………………………37
YAG …………………………152
YAGレーザ ……………38,167
YVO_4レーザ ………………40

あ
アクセスパネル ……………164
アーク溶接 …………93,105,150
アシスト ……………………154
アシストガス …………13,59,68
厚板 …………………………122
後加工 ………………………69
穴あけ ……………………68,141
アブレーション ……………52
安全 …………………158,161
安全確保 ……………158,166,168
安全確保の方法 ……………157
安全管理 ……………………165
安全対策 ……………………158

い
位相 ……………………………6
インクジェット ……………154
印字 …………………139,140
インターロック ………158,164

う
ウォータージェット ………149
薄板 …………………………121

え
エアカーテン ………………58
エアロゾルデポジション法（AD法）
　　…………………………154
エキシマレーザ ……40,90,146

エネルギー密度 ………………
　　　　8,101,105,109,131

お
オーステナイト ……………132
オーステナイト組織 ………126
温熱作用 ……………………146

か
開先 ……………………106,117
回収機 ………………………168
ガウジング …………………78
化学的／物理的性質 ………131
化学レーザ …………………45
加工技術データベース ……87,124
加工条件 ……………………136
加工テーブル ………………61
加工部 ………………………57
加工ロボット ………………58
火災 …………………………162
重ね継手 ……………………118
重ね面 ………………………118
可視光 ……………………3,167
ガスノズル …………………59
ガスレーザ …………………38
割断 …………………………74
可動部 ………………………61
換気 …………………………168
干渉縞 ………………………10
干渉測定機 …………………16
貫通溶接 ………………114,115
ガントリー型 ………………61

き
危険 …………………………162
危険性 …………………157,158,161
危険度 ………………………157
気泡 …………110,113,114,151
キーホール ……………………
　　49,93,101,104,110,114,151
キーホール挙動 ……………111
吸収率 ………………………50
急速冷却 ……………………126
急熱急冷 ……………………135
急冷 ……………………126,130
供給量 ………………………136
凝固 ……………………111,113,114

凝固速度 ……………………115
強度 …………………………110
均一 ……………………130,131
金属間化合物 ………………115
金属蒸気レーザ ……………41

く
クラス1 ………………161,162
クラス1M ……………161,162
クラス2 ………………161,162
クラス2M ……………161,162
クラス3 ………………161,162
クラス3B ……………161,162
クラス3R ……………161,162
クラス4 ………103,159,161,162
クラス分け ……157,158,161,162
クラッディング ………………
　　　126,128,130,131,136

け
警告表示 ……………………166

こ
光速 ……………………………6
高調波 ………………………39
コーティング ………………154
光路 …………………………164
光路の露出 …………………166
国際電気標準会議（IEC）……159
個体レーザ …………………38
固定ジグ ……………………115
コヒーレント …………………9

さ
作業環境 ……………………168
酸化物 …………………117,118
酸化膜 ………………………69
産業用ロボット ……………61
酸素 ……………………60,68
散乱 …………………………166
散乱光 …………131,158,162,164

し
紫外光 …………………………3
色素レーザ …………………46
ジグ …………………………61
事故 ……………………157,162

171

指向性・・・・・・・・・・・・・・・・・・9	セーフティ・インターロック・・164	入熱量・・・・・・・・・・・・・109,135
自己防衛・・・・・・・・・・・・・・・167	セルフバーニング・・・・・・・・・78	**ね**
自己冷却作用・・・・・・・・・・・・134	**そ**	ネスティング・・・・・・・・・・・・83
自然条痕・・・・・・・・・・・・・・・76	速度・・・・・・・・・・・・・・・・・136	熱入れ・・・・・・・・・・・・128,130
自然放出・・・・・・・・・・・・・・・27	組織・・・・・・・・・・・・・・・・・132	熱影響・・・・・・・・・・・・149,150
失明・・・・・103,116,157,159,162	組成・・・・・・・・・・・・・・・・・115	熱影響部・・・・・・・・・・・・・・50
自動溶接・・・・・・・・・・・・・・115	損傷・・・・・・・・・・・・・・161,162	熱伝導型・・・・・・・・・・・・・108
遮蔽・・・・・・・・・・・・・・・・・103	**た**	熱変形・・・・12,105,107,109,115,1
集光・・・・・・・・・・・・・・・・・33	第2高調波・・・・・・・・・・・・・152	21,127,143,150
集光光学系・・・・・・・・・・・・・131	ダイオードレーザ・・・・・・・・・44	熱歪み・・・・・・・・・・・・・・・105
集光部・・・・・・・・・・・・・・・・57	耐熱・・・・・・・・・・・・・・・・・153	**は**
集光レンズ・・・・・・・・・・・・・163	耐磨耗・・・・・・・・・・・・・・・153	ハイブリット・・・・・149,151,152
自由電子レーザ・・・・・・・・・・45	太陽光・・・・・・・・・・・・・・・・・7	銅・・・・・・・・・・・・・・・・・132
周波数・・・・・・・・・・・・・・・・・6	炭酸ガスレーザ・・・・・・・37,167	爆発・・・・・・・・・・・・・・・・・168
出火・・・・・・・・・・・・・・・・・168	炭酸ガスレーザ用・・・・・・・・167	バーコードリーダー・・・・・・・24
障害・・・・・・・・・・・・・・・・・161	炭素・・・・・・・・・・・・・・・・・132	波長・・・・・・・・・・・・3,152,167
蒸散・・・・・・・・・・・・・・・・・146	**ち**	発火・・・・・・・・・・・・・・・・・162
照射箇所・・・・・・・・・・130,131	チタンサファイアレーザ・・・・・44	発射口・・・・・・・・・・・・・・・166
状態図・・・・・・・・・・・・・・・132	窒素・・・・・・・・・・・・・・・・・69	発射光・・・・・・・・・・・・・・・158
焦点・・・・・・・・・・・・・・・・・131	緻密性・・・・・・・・・・・・・・・154	発振器・・・・・・・・・・・・・・・・37
焦点位置・・・・・・・・・・・・・・109	注意・・・・・・・・・・・・・・・・・166	発熱反応・・・・・・・・・・・・68,69
焦点距離・・・・・・・・・・・・34,104	直射光・・・・・・・・・・・・103,159	パテーション・・・・・・・・・・・166
蒸発切断・・・・・・・・・・・・・・・74	**つ**	バリ取り・・・・・・・・・・・・・・・71
除去加工・・・・・・・・・・・・・・・92	突合せ継手・・・・・・・・・117,118	パルス・・・・・・・・・・・・・・・109
視力障害・・・・・・・・・・・・・・162	突合せ面・・・・・・・・・・・117,118	パルス発振・・・・・・・・・・55,104
シールドガス・・・・・12,59,97,128	継手形状・・・・・・・・・・・・・117	パルスレーザ・・・・・・・・・・・147
振動数・・・・・・・・・・・・・・・・・6	**て**	パワー密度・・・・・・・・・・・・・129
す	ディスクレーザ・・・・・・・・・・43	反射・・・・・・・・・・・・・・・・・166
推奨加工条件・・・・・・・・・・・・62	凸凹・・・・・・・・・・・・・・・・・116	反射角・・・・・・・・・・・・・・・・31
垂直入射・・・・・・・・・・・・・・・98	データベース・・・・・・・・・・・124	反射鏡・・・・・・・・・・・・・・・・31
隙間・・・・・・・・・・・・・116,117	テーパー・・・・・・・・・・・・・・80	反射光・・・・・・・・・・・・・・・
ステント・・・・・・・・・・・・86,142	デフォーカス・・・・・・128,129,131	94,102,107,109,115,122,150
隅肉継手・・・・・・・・・・・・・・118	**と**	反射ミラー・・・・・・・・・・・・163
寸法変化・・・・・・・・・・・・・・134	銅蒸気レーザ・・・・・・・・・・・41	反射率・・・・・・・・・・・・・・・104
せ	溶込み深さ・・・・・・・・・・・・・	反転分布・・・・・・・・・・・・・・29
正反射光・・・・・・・・・・・・・・162	94,102,107,109,115,122,150	半導体レーザ・・・・・・・・・・・44
赤外線・・・・・・・・・・・・・・・・・3	ドラグライン・・・・・・・・・・・・76	**ひ**
赤外線レーザ・・・・・・・・・・・152	ドロス・・・・・・・・・・・・71,78,79	ピアッシング・・・・・・・・・・・・64
切断条件・・・・・・・・・・・・・・・77	**に**	被害・・・・・・・・・・・・・・・・・167
切断線・・・・・・・・・・・・・・・・75	肉盛・・・・・・・・・・・・・・・・・136	光化学療法・・・・・・・・・・・・146
切断の欠陥・・・・・・・・・・・・・79	入射角・・・・・・・・・・・・・・・・31	光凝固作用・・・・・・・・・・・・146
切断ノズル・・・・・・・・・・・・・65	入熱・・・55,109,115,121,127,150	光ファイバー・・・・・・・・・32,58
切断幅・・・・・・・・・・・・・・・・80		ピーク出力・・・・・・・・・・・・109
切断品質・・・・・・・・・・・・・・157		微細穴・・・・・・・・・・・・・・・141
切断不良・・・・・・・・・・・・・・・78		非接触加工・・・・・・・・・・・・・94
切断フロント・・・・・・・・・・・・75		ビート幅・・・・・・・・・115,122,150
切断面の粗さ・・・・・・・・・・・・80		

被膜‥‥‥‥‥‥‥‥‥153
ヒューム‥‥‥‥‥‥‥‥57
ヒューム‥‥‥‥‥‥‥168
表面改質‥‥‥126,128,130,131
表面張力‥‥‥‥‥‥‥101
微粒子‥‥‥‥‥‥‥‥168
広がり角‥‥‥‥‥‥‥‥9
品質‥‥‥‥‥‥‥‥‥110

ふ
ファイバーレーザ‥‥‥‥42
フィードバック制御‥‥‥116
フェムト秒レーザ‥‥‥44,90
フェライト‥‥‥‥‥‥‥132
吹き上がり‥‥‥‥‥‥‥72
負傷‥‥‥‥‥‥‥‥‥167
部分的な熱処理‥‥‥‥127
部分的な表面処理‥‥‥127
部分溶込み溶接‥‥114,115
ブラインドビアホール‥‥‥90
プラズマ溶射‥‥‥‥‥153
プラズマ溶接‥‥‥‥‥‥94
ブローホール‥‥‥‥‥110
粉末‥‥‥‥‥‥130,131,136

へ
ヘリウムネオンレーザ‥‥‥40
変形‥‥‥‥‥‥‥‥‥‥83
変態‥‥‥‥‥‥‥‥‥132

ほ
防御‥‥‥‥‥‥‥‥‥157
宝飾品‥‥‥‥‥‥‥‥167
保護ガラス‥‥‥‥‥‥‥58
保護眼鏡‥‥‥103,158,167,168
保護筐体‥‥‥‥‥158,164
ポロシティ‥‥‥‥‥‥‥
　　110,111,113,114,115
ポロシティ抑制‥‥‥114,115

ま
曲げ‥‥‥‥‥‥‥‥‥143
マルテンサイト‥‥‥‥‥132

み
溝加工‥‥‥‥‥‥‥‥141
溝掘り‥‥‥‥‥‥‥‥‥91
密着性‥‥‥‥‥‥‥‥154
密閉‥‥‥‥‥‥‥‥‥166

め
メイマン‥‥‥‥‥‥‥37,41
目違い‥‥‥‥‥‥117,150

も
網膜治療‥‥‥‥‥‥‥146
門型‥‥‥‥‥‥‥‥‥‥61

や
焼入れ‥‥‥‥‥‥‥‥126
火傷‥‥‥‥‥‥‥159,162

ゆ
融点‥‥‥‥‥‥‥130,149
誘導放出‥‥‥‥‥‥‥‥27
湯流れ‥‥‥‥‥‥113,114

よ
溶加材‥‥‥‥‥‥‥‥117
溶射‥‥‥‥‥‥‥‥‥153
溶射膜‥‥‥‥‥‥‥‥154
溶接欠陥‥‥‥‥107,110,124
溶接欠陥の抑制方法‥‥124
溶接条件‥‥‥‥107,110,117
溶接速度‥‥‥‥‥‥‥‥
　　94,105,107,109,115,121,150
溶接幅‥‥‥‥‥‥94,107,109
溶接ビード‥‥‥‥‥‥104
溶接品質‥‥‥‥‥‥‥116
溶接不能‥‥‥‥‥‥‥116
溶接方法‥‥‥‥‥‥‥107
溶損‥‥‥‥‥‥‥‥‥‥82
溶融‥‥‥‥‥‥‥‥‥‥48
溶融池‥‥‥‥106,113,114,151
溶融切断‥‥‥‥‥‥‥‥74

る
ルビーレーザ‥‥‥‥37,41

れ
冷却速度‥‥‥‥‥‥‥134
レーザ‥‥‥‥‥‥‥2,153
レーザ穴あけ‥‥‥‥‥‥14
レーザアブレーション‥‥145
レーザ援用インクジェット(LIJ)法
　　154
レーザ加工‥‥‥‥12,158
レーザ加工機‥‥‥53,159,162

レーザ加工用‥‥‥‥‥167
レーザクラッディング‥‥‥136
レーザ光‥‥‥‥‥‥7,157
レーザ光の被曝‥‥‥‥158
レーザ工芸‥‥‥‥‥19,147
レーザ製品の安全基準‥‥158
レーザ切断‥‥‥‥‥‥‥
　　13,63,75,149,157,164,168
レーザ切断機‥‥‥‥53,162,163
レーザ造形‥‥‥‥‥‥‥20
レーザ装置‥‥‥‥‥‥158
レーザ測定‥‥‥‥‥‥‥16
レーザ通信‥‥‥‥‥‥‥25
レーザ熱処理‥‥‥‥‥‥15
レーザのクラス‥‥‥‥‥161
レーザの出力‥‥‥‥104,136
レーザの照射方法‥‥‥117
レーザの発振状態‥‥‥104
レーザの被曝‥‥‥‥‥158
レーザ発振器‥‥‥‥‥116
レーザ発振部‥‥‥‥‥‥54
レーザパワー‥‥‥‥‥107
レーザ微細加工‥‥‥‥141
レーザ表面改質‥‥‥126,128,131
レーザ・プラズマ複合溶射‥‥‥153
レーザプリンタ‥‥‥‥‥22
レーザ変位計‥‥‥‥‥‥16
レーザポインタ‥‥‥‥‥21
レーザ・マイクロジェット‥‥‥
　　149,150
レーザマーキング‥‥91,139
レーザ曲げ‥‥‥‥‥‥143
レーザ溝掘り‥‥‥‥‥‥15
レーザメス‥‥‥‥‥18,146
レーザ焼入れ‥‥‥‥‥132
レーザ溶接　12,93,116,121,122,
　　124,149,150,159,168
レーザ溶接機‥‥‥‥‥162
レーシック‥‥‥‥‥‥‥146
連続波‥‥‥‥‥‥104,109
連続発振‥‥‥‥‥‥‥‥55

ろ
ロボット型‥‥‥‥‥‥‥‥61

わ
ワイヤ‥‥‥‥‥‥‥‥136
割れ‥‥‥‥‥‥‥110,115

173

■著者紹介
瀬渡　直樹（せと　なおき）

博士（工学）。1973年大阪市生まれ。2001年大阪大学大学院工学研究科機械工学専攻博士後期過程修了。2001年独立行政法人産業技術総合研究所に入所ものづくり先端技術研究センターに配属、レーザ溶接／レーザ切断／アーク溶接の加工技術データベース開発に従事。2009年より独立行政法人産業技術総合研究所先進製造プロセス研究部門に配属。コーティング技術／レーザ加工／アーク溶接に関する研究に従事し、今日に至る。

現場の即戦力
よくわかるレーザ加工

2012年11月5日　初版　第1刷発行

● 装丁　　　　　　田中望
● 組版＆トレース　㈱キャップス
● 編集　　　　　　谷戸伸好

著　者	瀬渡直樹
発行者	片岡　巌
発行所	株式会社 技術評論社
	東京都新宿区市谷左内町21-13
	電話　03-3513-6150　販売促進部
	03-3267-2270　第三編集部
印刷／製本	港北出版印刷株式会社

定価はカバーに表示してあります。

本書の一部または全部を著作権法の定める範囲を超え、無断で複写、複製、転載、テープ化、ファイル化することを禁じます。

©2012　瀬渡直樹

造本には細心の注意を払っておりますが、万一、乱丁（ページの乱れ）や落丁（ページの抜け）がございましたら、小社販売促進部までお送りください。送料小社負担にてお取り替えいたします。

ISBN978-4-7741-5302-5　C3053
Printed in Japan

■お願い

本書に関するご質問については、本書に記載されている内容に関するもののみとさせていただきます。本書の内容と関係のないご質問につきましては、一切お答えできませんので、あらかじめご了承ください。また、電話でのご質問は受け付けておりませんので、FAXか書面にて下記までお送りください。

なお、ご質問の際には、書名と該当ページ、返信先を明記してくださいますよう、お願いいたします。

宛先：〒162-0846
　　　株式会社技術評論社　書籍編集部
　　　「よくわかるレーザ加工」質問係
　　　FAX：03-3267-2271

ご質問の際に記載いただいた個人情報は質問の返答以外の目的には使用いたしません。また、質問の返答後は速やかに削除させていただきます。